Gobies of Japanese Waters

ハゼガイドブック

林公義/白鳥岳朋 写真
HAYASHI Masayoshi SHIRATORI Taketomo

TBSブリタニカ

はじめに

「いつ頃からハゼが好きになったんだろうか？」と考えてみると、1975年から始めた八重山諸島の調査がきっかけになっているようです。豊かなサンゴ礁の海や、今まで見たこともなかったマングローブの繁る水域で、実に多くのハゼを見たときからでした。小さな河口から干潟に続くわずか20m足らずの水域から33種類ものハゼが見つかり、それぞれのハゼが狭い生活場所をすみわけ、昼と夜とではその環境を利用する主役が異なることなど、ハゼの多様な生活型に完全に魅せられました。そればかりでなく、これらのハゼのなかには「未記載種」や「日本初記録種」などが多くあることがわかり、調査は宝探しのような実感をともなって、あっという間に10年が経過しました。そのパワーは奄美大島の調査へと引き継がれ、今日に至っています。本書の解説文を書きながら当時の興奮を再び体験することができました。今、日本のダイビング人口が増えるにつれフィッシュ・ウオッチングや水中写真へ邁進するダイバーが増えています。なかでも水中写真に興味をもつダイバーは多く、その被写体となる魚の代表がハゼといっても言い過ぎではないでしょう。今風に表現すると「ハゼオタク」と言われるほど、ハゼの撮影に熱中するダイバーもいるようです。このハゼ熱の原因は、著者がかかったハゼ熱と同類のものと信じています。本書では当然多くの既知種を紹介していますが、いまだに写真に撮られているだけで十分な研究がなされていないハゼについても、たくさん紹介しました。このような状況のなかでダイバーと研究者の情報交換と共同研究によって、分類学的な解明が可能であることも本書では紹介しています。学名や和名不詳のハゼをひとつでも減らすために協力しましょう。

2003年1月　林　公義

CONTENTS

はじめに		3
各部名称		6
主な地名と海洋区分		7
本書の使い方		8

カワアナゴ科　Eleotridae
ヤナギハゼ科　Xenisthmidae　　　　　　　　　　9

クモガクレ属	*Calumia*	10
ヤナギハゼ属	*Xenisthmus*	11

ハゼ科　Gobiidae　　　　　　　　　　13

トビハゼ属	*Periophthalmus*	14
ミミズハゼ属	*Luciogobius*	15
ヒモハゼ属	*Eutaeniichthys*	16
シロクラハゼ属	*Astrabe*	16
セジロハゼ属	*Clariger*	17
オキナワハゼ属	*Callogobius*	18
クロイトハゼ属	*Valenciennea*	22
イレズミハゼ属	*Priolepis*	28
シマイソハゼ属	*Trimmatom*	32
ベニハゼ属	*Trimma*	34
イソハゼ属	*Eviota*	46
ダルマハゼ属	*Paragobiodon*	58
コバンハゼ属	*Gobiodon*	62
ミジンベニハゼ属	*Lubricogobius*	68
サルハゼ属	*Oxyurichthys*	71
トサカハゼ属	*Cristatogobius*	73
ユカタハゼ属	*Hazeus*	74
トンガリハゼ属	*Oplopomops*	75
ケショウハゼ属	*Oplopomus*	76
アゴハゼ属	*Chaenogobius*	78
ウキゴリ属	*Gymnogobius*	80
ウロハゼ属	*Glossogobius*	80
ハダカハゼ属	*Kelloggella*	81
ツムギハゼ属	*Yongeichthys*	82
サビハゼ属	*Sagamia*	84
アカハゼ属	*Amblychaeturichthys*	85
マハゼ属	*Acanthogobius*	86
キヌバリ属	*Pterogobius*	88
スナゴハゼ属	*Pseudogobius*	92
インコハゼ属	*Exyrias*	93
マダラハゼ属	*Macrodontogobius*	95
オオモンハゼ属	*Gnatholepis*	96
クツワハゼ属	*Istigobius*	99
ガラスハゼ属	*Bryaninops*	104
ウミショウブハゼ属	*Pleurosicya*	110
ヨリメハゼ属	*Cabillus*	116
クモハゼ属	*Bathygobius*	117

ホタテツノハゼ属	*Flabelligobius*	118
オニハゼ属	*Tomiyamichthys*	120
オドリハゼ属	*Lotilia*	122
ネジリンボウ属	*Stonogobiops*	123
イトヒキハゼ属	*Cryptocentrus*	128
ダテハゼ属	*Amblyeleotris*	137
シノビハゼ属	*Ctenogobiops*	150
ハゴロモハゼ属	*Myersina*	152
ヤツシハゼ属	*Vanderhorstia*	154
カスリハゼ属	*Mahidolia*	161
ハラマキハゼ属	*Psilogobius*	163
サラサハゼ属	*Amblygobius*	164
ホシハゼ属	*Asteropteryx*	169
ヒメハゼ属	*Favonigobius*	171
ミナミヒメハゼ属	*Papillogobius*	172
ノボリハゼ属	*Oligolepis*	173
ヒナハゼ属	*Redigobius*	173
アベハゼ属	*Mugilogobius*	174
キララハゼ属	*Acentrogobius*	175
サンカクハゼ属	*Fusigobius*	177
ゴマハゼ属	*Pandaka*	181
ウチワハゼ属	*Mangarinus*	182
ギンポハゼ属	*Parkraemeria*	182
ホムラハゼ属	*Discordipinna*	183
チチブ属	*Tridentiger*	186

オオメワラスボ科　Microdesmidae　189

オオメワラスボ属	*Gunnellichthys*	190
タンザクハゼ属	*Oxymetopon*	193
ハタタテハゼ属	*Nemateleotris*	195
サツキハゼ属	*Parioglossus*	200
クロユリハゼ属	*Ptereleotris*	202

用語解説	215
和名索引	216
学名索引	219
引用文献・参考文献	222
協力者一覧	223

Column

ハゼは頭で調べる	12	ハゼ類の研究史(日本編)	103
ハゼ学入門	17	ハゼの呼び名について(名前のルール)	109
ハゼ類の研究史(海外編)	31	ハゼの多様な生活型	115
未知数のベニハゼ属	43	ハゼとテッポウエビの深い関係	136
雄と雌の世界	55	ハゼと共生するテッポウエビの世界	146
この人、このハゼ	70	和名の由来をチェックしよう	185
日本のハゼ、世界のハゼ	87	奥が深いハゼの生活史	188
「カニハゼ」と呼ばれるハゼ	98	まだまだいるぞ!こんな稀種	210
		ハゼの撮影——白鳥岳朋	212

各部の名称

各鰭の名称

オバケインコハゼ

体各部の長さ

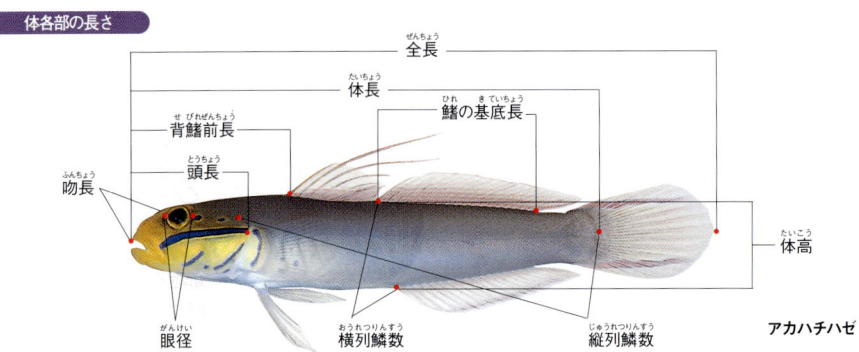

アカハチハゼ

部分名称

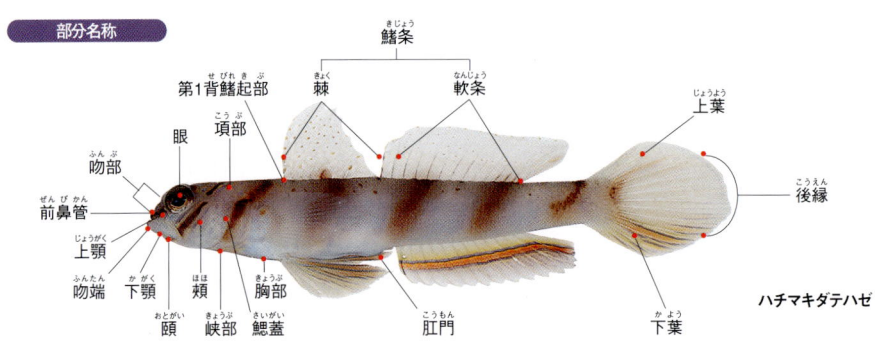

ハチマキダテハゼ

尾鰭後縁の型

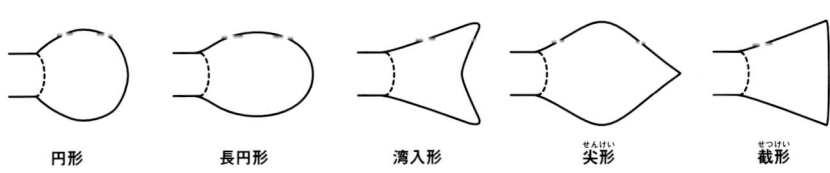

円形　　長円形　　湾入形　　尖形　　截形

主な地名と海洋区分

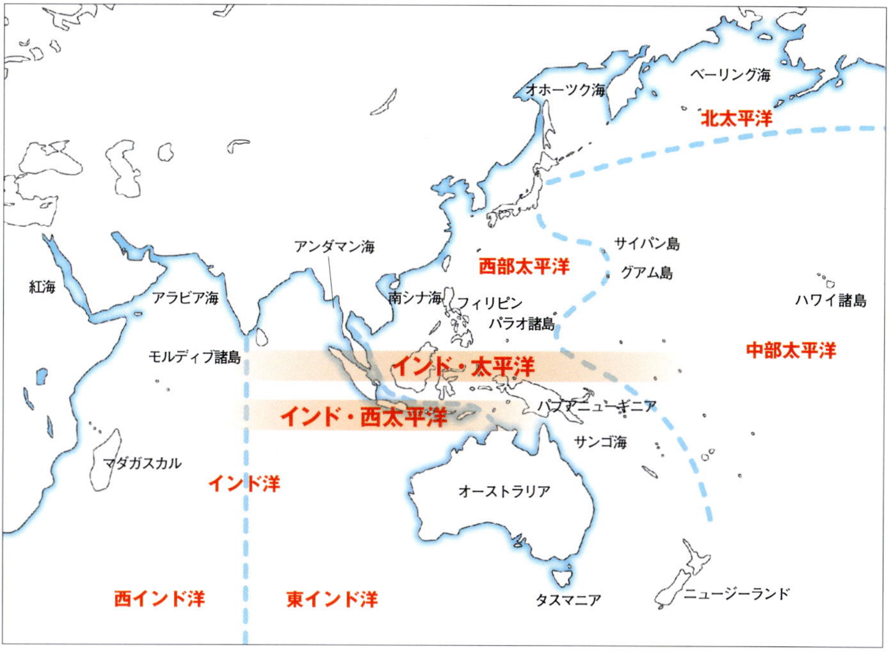

海洋区分

西部太平洋：マレー半島、スマトラ島、ジャワ島、オーストラリアのダーウィンを結ぶ線から東側、太平洋プレートに沿った線（Andesite line）を東限として、房総半島沖を北限とする海域。小笠原諸島、サイパン島、グアム島も含む。

中部太平洋：Andesite lineより東側、サンフランシスコ沖からイースター島付近を結ぶ線を東限する海域。

インド・西太平洋：インド洋、西部太平洋を含む海域。紅海も含む。

インド・太平洋：インド洋、西部太平洋、中部太平洋を含む海域。

＊Andesite line：太平洋プレートの東側のほぼ縁辺に相当する。

日本近海の地域区分

伊豆諸島：大島から三宅島、八丈島を経て青ヶ島までの島々を指す。

小笠原諸島：聟島列島から父島列島を経て、母島列島までの島々を指す。

琉球列島：トカラ列島以南、奄美諸島、沖縄諸島を経て、八重山諸島までの島々を指す。

本書の使い方

取り上げられている種

本書では、日本列島の潮間帯下部（干潮時にも海水の残る場所）から沿岸域（水深50m以浅）で見られるハゼ類を収録している。基本的にはスクーバダイバーが安全にダイビングと水中撮影が楽しめる水深に生息する種を中心に選んである。また海外のダイビング・スポットに生息し、普通に見られ、人気のある種も収録した。属の配列順については中坊編（2000）に従っている。

属名と解説 ❶

「属」は分類学において「界・門・綱・目・科」に続く分類階級のこと。多くの魚類全般が収録されている図鑑類では「科」単位でグループ分けがなされているが、ハゼ類の場合は「属」単位で形態や生活型に特徴がよく現れているので、ここでは「属」全体の特徴を記している。

生息環境 ❷

属を代表してそのなかに含まれる種が、主に生息する環境を示す。複数の環境を利用する種や、決まった環境にだけ見られる種もある。

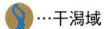…河口域　…干潟域　…岩礁域
…転石域　 …砂礫域　 …砂泥域
…サンゴ礁域　 …マングローブ域

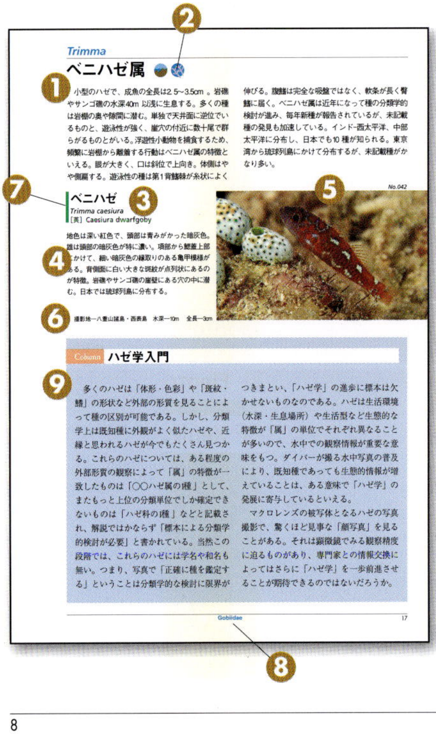

種名 ❸

標準和名と学名を併記。標準和名とは学術的に認められた日本名のこと。学名とはその種の世界共通のラテン語の名称で、属名（前）と種小名（後）が連記されている。書体は「命名規約」に準じイタリックを使用する。本書では命名者と公表年を省略した。分布域が海外に及ぶ種については英名を記しているが、英名の出典は主としてMyers（1999）やAllen（1997）などから引用してある。

種の解説 ❹

属や種の解説は林が担当した。種のもつ外部形態や色彩・斑紋などダイバーが水中での識別に役立つ特徴を中心に解説した。生態や行動については林の観察データに基づいている。和名の由来、撮影や観察記録の少ない種については専門書や撮影者の情報を参考にしている。

写真 ❺

基本的に、フィールドで撮影された生態写真を使用しているが、一部に水槽写真も使用している。その場合は撮影データに「採集地」と記した。

撮影データ ❻

撮影地（水槽写真は採集地）、撮影（採集）された水深、目視による被写体の大きさ（およその全長）、撮影者（クレジット）を示す。クレジットのない写真はすべて白鳥が撮影したもの。

観察の難度 ❼

水中でのハゼの観察難易度を示す。種の生息密度と地域性の関係もあり、報告例の少ない種については解説文中で「稀種」と記した。

 易…良く見られる種。

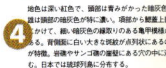 やや難…個体数が少ないか、見つけにくい種。

 難…稀にしか見ることのできない種。

グループ分け ❽

科名を記し、そのページはその科の範囲であることを示す。

コラム ❾

「ハゼ」についての関連情報をコラムとして掲載。分類・生態・研究史・新しい情報などから未知なるハゼの世界や撮影の極意までをわかりやすく紹介する。

カワアナゴ科
Eleotridae
ヤナギハゼ科
Xenisthmidae

スズキ目 PERCIFORMES
　└ ハゼ亜目 GOBIOIDEI
　　├ ツバサハゼ科 Rhyacichthyidae
　　├ ドンコ科 Odontobutidae
　　├ **カワアナゴ科 Eleotridae**
　　├ **ヤナギハゼ科 Xenisthmidae**
　　├ ハゼ科 Gobiidae
　　├ スナハゼ科 Kraemeriidae
　　├ オオメワラスボ科 Microdesmidae
　　└ シラスウオ科 Schindleriidae

Calumia
クモガクレ属

　小型のハゼで、成魚の全長は3cm前後。サンゴ礁に生息し、水深は30m以浅から知られている。サンゴ瓦礫の下やサンゴ群体が基盤となる岩礁棚の奥などに潜んでいることが多い。水中で見ることはまれであり、クモガクレ属の生態写真は極めて少ない。吻部にある前鼻管が著しく細長いのは、同じような生息場所で見られるハゼ類とクモガクレ属を識別するときの顕著な特徴である。腹鰭は吸盤状ではなく、左右に分かれる。2種が主にインド-西太平洋に分布し、日本では奄美諸島に分布するが、稀種。

No.001

クモガクレ
Calumia godeffroyi
［英］Tailface sleeper

体側には明瞭な暗褐色の横帯が5本あり、尾鰭基部の付近には大きな2個の黒色斑がある。頭部には橙色の小円斑が多数あり、全体的に「ピエロ」風の外観が愛らしい。背鰭と臀鰭は立てたときの形が菱形。動きは極めて緩慢で、泳ぎはうまくない。

採集地―奄美大島
水深―10m　全長―2.5cm　写真：林

No.002

キリガクレ
Calumia profunda

体側には淡褐色の横帯が6本あり、体側や背鰭と臀鰭の基部には赤褐色の小斑が多数ある。長い前鼻管をもち、眼下には褐色の斜帯がある。頭部の形や外観は、淡水魚のカムルチー（雷魚）に似る。クモガクレより生息水深は深い。水中で見られる機会はまれ。

採集地―奄美大島
水深―28m　全長―2.0cm　写真：林

Xenisthmus
ヤナギハゼ属

　成魚の全長は2.5～4.5cmの小型のハゼ。体形がやや側扁して細長いので、一見するとギンポ類のなかまと見間違える。サンゴ礁に生息し、礁湖（ラグーン）や礁原にできるタイドプールなどで見られる。サンゴ瓦礫の下や岩礁棚の奥などに潜り、活動は主に夜間。大きなタイドプールではスノーケリングでも見る機会はあるが、ヤナギハゼ属の生態写真は少ない。下顎が上顎より長く、上向きに位置していること、第2背鰭と臀鰭基底長が長いことなどの特徴がある。小さな腹鰭は左右に分かれ、完全な吸盤状ではない。ヤナギハゼ科はインド－太平洋から5属約19種が知られているが、日本では今のところ4種（うち2種は未記載）が奄美諸島から八重山諸島にかけて分布する。

No.003

採集地―奄美大島　水深―8m　全長―3cm

モンヤナギハゼ
Xenisthmus polyzonatus
［英］Bullseye wrigglers

体側には暗赤褐色の横帯が11～12本あり、背鰭や尾鰭には黒色の小斑が多数ある。眼下には黒色の明瞭な細い斜帯があり、尾鰭基部の中央には目玉模様に見える黒色斑があることなどで、他種と容易に識別できる。体色全体の濃淡は生息場所により多少の差がある。日本では奄美大島と沖縄島に分布する。

Column ハゼは頭で調べる

　ハゼの分類学的研究は、外部形態の計数形質（鰭条数や各部長の体長比など）や色彩、斑紋などは当然のこととして、頭部にある感覚器官の観察情報にも主眼が置かれている。ハゼの平均的な大きさからしても「頭部感覚器官」は普通肉眼で見られる状態ではないので、一般には馴染みのうすい言葉である。ハゼ学に興味がある人は一度魚類専門の学会誌などを見ることをお勧めする。論文には簡略図の場合もあるが、新種などの記載には必ず下のような図が示されている。

　ハゼの頭部の感覚器官には大きく分けて孔器と感覚管とがある。生体ではこの感覚器官は微小で見にくいので、標本を染色して顕微鏡で観察する。大型のハゼの頭部を接写した写真で、この孔器や感覚管の開孔部が写っているものがあり驚かされることがある。表皮にある孔器は、流れの少ない環境で行動が緩慢な魚に発達する器官とされ、ナマズやハゼの頭部の全体には孔器が列をなして分布する。一方、皮下に発達する感覚管は大洋型や流水型のように活発に泳ぐ魚によく発達する器官とされる。ハゼの頭部感覚管は染色した透化標本で観察すると配列状態はよくわかるが、開孔部位（図の〇印）だけは表皮上でも観察できる。水中で起きる大きな走流は視覚や聴覚が働き、水中で動く小さな餌や敵の存在などは頭部のこれらの感覚器官が感知する。

　大部分のハゼの頭部表皮には孔器と感覚管開孔部がそろって見られるが、孔器だけが明瞭なグループ（トビハゼ属、ベニハゼ属、ネジリンボウ属、オオメワラスボ属など）もいる。また感覚器官としてミミズハゼ属やオキナワハゼ属のように明瞭な皮褶の発達したハゼやサビハゼ属やダルマハゼ属のようにヒゲが発達したハゼもいる。ハゼの分類はこれらの孔器の配列状態と感覚管の開孔数や位置の組み合わせにより「種」の同定が可能なのである。

ハゼの頭部感覚器官

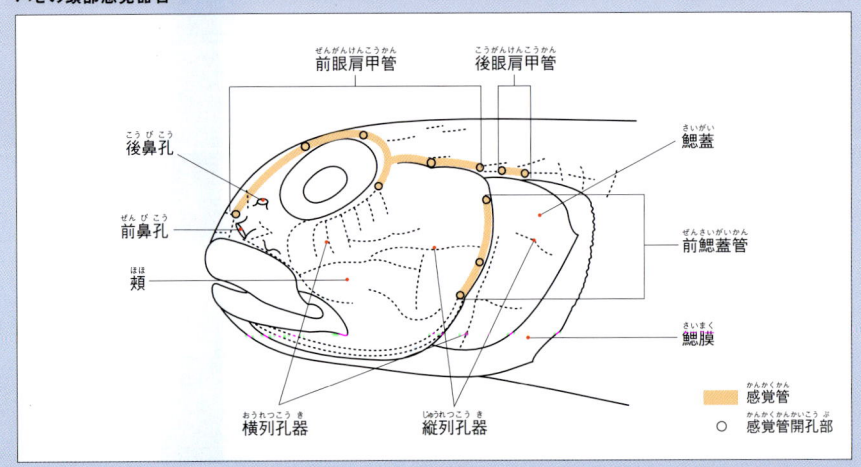

ハゼ科
Gobiidae

- スズキ目 PERCIFORMES
  - ハゼ亜目 GOBIOIDEI
    - ツバサハゼ科 Rhyacichthyidae
    - ドンコ科 Odontobutidae
    - カワアナゴ科 Eleotridae
    - ヤナギハゼ科 Xenisthmidae
    - **ハゼ科 Gobiidae**
    - スナハゼ科 Kraemeriidae
    - オオメワラスボ科 Microdesmidae
    - シラスウオ科 Schindleriidae

Periophthalmus
トビハゼ属

　中型のハゼで、成魚の全長は10cm前後。沿岸の河口や干潟など浅瀬の汽水域に生息し、泥底の発達した陸域と水域の両方で見ることができる。奄美諸島以南ではマングローブが生育している干潟などを主な生活場所としている。水温の下がる11～3月は活動の休止期で、巣穴に潜る。4～10月の活動期にはよく見ることができる。満潮時のマングローブ水域では、根幹に休息する個体をスノーケリングでも見られる。大きく突出した両眼と独特なジャンプとノコノコ移動はトビハゼ属の顕著な特徴である。多くの種が世界の亜熱帯や熱帯域に広く分布し、日本では2種が東京湾から琉球列島にかけて分布する。

No.004

トビハゼ
Periophthalmus modestus
［英］Mudskipper

水中で見ることはほとんどなく、干潮時の干潟で見ることが多い。大きな眼を頻繁に出したり引っ込めたりする。ときどき体を横倒しにして水に浸し、体表面が乾燥するのを防ぐ。移動のときは尾鰭を上にあげ、両胸鰭を交互に使う。第1背鰭の前方が丸く尖らないことが特徴。日本では東京湾から沖縄島にかけて分布する。

撮影地―奄美大島　全長―9cm　写真：林

No.005

ミナミトビハゼ
Periophthalmus argentilineatus
［英］Mudskipper

主に河口干潟やマングローブの繁茂する汽水域の干潟で見ることができる。危険を感じると、水面をジャンプしながら移動する。気温の高い日中は巣穴の中にいることが多いが、マングローブの木陰でも見ることができる。第1背鰭の前方が尖り、上縁付近に暗色帯があることが特徴。日本では奄美大島から琉球列島にかけて分布する。

撮影地―八重山諸島・西表島
全長―9cm　写真：林

Gobiidae

Luciogobius
ミミズハゼ属

　成魚の全長は3〜10cmで種によって異なる。沿岸の河口汽水域から砂礫、転石帯、岩礁のタイドプールなどに生息する。主に小石や砂利の下に隠れてすむので、石を動かさないと見つからない。活動は夜間に活発なので、ナイトダイビングなどでは見る機会もある。体形や体色、動きなどはミミズ類によく似ており、頭部は縦扁し、小さな眼の下縁や口の周囲には皮褶状の感覚器官が発達する。ミミズハゼ属は小さな背鰭が1基で、他のハゼ科の背鰭は2基（シロウオ属は1基）あることからも識別できる。日本では11種が北海道から琉球島にかけての沿岸に広く分布するが、そのなかの3種は陸水域の洞窟や地下水に生活する。海外では3種が朝鮮半島に分布する。

No.006

No.007

ミミズハゼ
Luciogobius guttatus
[英] Flat-head goby

（*No.006*）の写真は、河口汽水域の砂利や転石の下に生息しているもの。体は一様に暗赤褐色で、微小な白点が多数あるのが特徴。成熟した雌では赤褐色の卵巣が腹膜をとおしてよく見える。スルメやシラスなどを石底の近くに置くと、日中でも石の下から姿を現すので容易に見られる。（*No.007*）の写真は、沿岸浅海域やタイドプールなどの砂利底や転石の下に生息しているもの。体は一様に暗灰黒色で、微小な白点が各鰭、特に尾鰭に明瞭なのが特徴。

上／採集地—神奈川県・酒匂川河口
水深—0.3m　全長—6.5cm　写真：林
下／撮影地—西伊豆・大瀬崎
水深—0.8m　全長—4cm　写真：御宿

Eutaeniichthys
ヒモハゼ属

成魚の全長は5cm前後。沿岸の河口汽水域から干潟、遠浅の砂泥地などに生息する。砂泥底に掘った巣穴に潜み、日中の干潮時にはタイドプールでも見られる。体形や動きなどはミミズハゼ類によく似ている。体は細く棒状で、頭は小さく、吻は少し突出する。背鰭は2基で、第1背鰭は小さく、第2背鰭と臀鰭基底長が長いのが特徴。日本では1種が青森県から琉球列島にかけて分布する。

ヒモハゼ
Eutaeniichthys gilli

吻は少し突出して上顎を覆う。第1背鰭は小さいので、水中ではほとんど確認できない。体側に吻端から尾鰭の後端に達する幅広い黒色縦帯がある。この特徴ある外観で容易に他種と識別できる。黒色縦帯には濃淡差があり、生息する砂や泥の色に左右される。海水浴場のような環境でも見ることができる。

採集地―千葉県・小櫃川河口　水深―0.1m　全長―5cm　写真：林

Astrabe
シロクラハゼ属

成魚の全長は5cm前後。主に沿岸の水深5〜15mの転石帯を好み、岩礁帯の大きなタイドプールにも生息する。大型の転石下にすみ、産卵時はカキ殻など二枚貝の殻の中でも見られる。活動は夜間に活発。頭部や体側によく目立つ斑紋や横帯があり、体高と尾柄高が同じなどの特徴をもつ。胸鰭上部の数本の軟条が遊離する。3種が青森県から種子島にかけての日本沿岸だけに分布する。

キマダラハゼ
Astrabe flavimaculata

地色は紫黒色。頭部はやや淡色で、不定形の黄色小点が多数ある。体側には胸鰭基部と項部をつなぐ幅の狭い黄色横帯がある。この特徴ある体前部が岩穴などから出ているときは、近似種のシロクラハゼ*Astrabe lactisella*（幅の広い白色横帯をもつ）と識別できる。転石の下に生息するので、なかなか見つけにくい。伊豆半島から種子島にかけて分布する。

撮影地―伊豆半島・下田　水深―5m　全長―5cm　写真：林

Clariger
セジロハゼ属

　成魚の全長は4cm前後。沿岸岩礁域のタイドプールや潮間帯下部に生息し、石の下に隠れてすむので石を動かさないと見つけにくい。活動は夜間に活発。ミミズハゼ属と同様に、眼の下縁に皮褶状の感覚器官がある。小さな第1背鰭は体のほぼ中央にあり、尾柄高は体高よりも高いのが特徴。日本では5種が青森県から屋久島にかけて分布する。

セジロハゼ
Clariger cosmurus

No.010

　体形はミミズハゼ属に似るが、体長はセジロハゼ属のほうが「寸詰まり」の感が強い。見えにくい小さな第1背鰭をもつこともミミズハゼ属とは異なる。上から見ると、吻部から尾鰭基底にかけての背面が白く、和名の「セジロ（背白）」はこの特徴にちなむ。眼下の皮褶が黒いことで近似種のシロヒゲセジロハゼ*Clariger* sp.と識別できる。日本では青森県から宮崎県、佐渡島、伊豆大島、八丈島に分布する。

採集地─伊豆半島・下田　水深─1m　全長─3.5cm　写真：林

Column　ハゼ学入門

　多くのハゼは「体形・色彩」や「斑紋・鰭」の形状など外部の形質を見ることによって種の識別が可能である。しかし、分類学上は既知種に外観がよく似たハゼや、近縁と思われるハゼが今でもたくさん見つかる。これらのハゼについては、ある程度の外部形質の観察によって「属」の特徴が一致したものは「○○ハゼ属の1種」として、またもっと上位の分類単位でしか確定できないものは「ハゼ科の1種」などと記述され、解説ではかならず「標本による分類学的検討が必要」と書かれている。当然この段階では、これらのハゼには学名や和名もない。つまり、写真で「正確に種を鑑定する」ということは分類学的な検討に限界がつきまとい、「ハゼ学」の進歩に標本は欠かせないものなのである。ハゼは生活環境（水深・生息場所）や生活型など生態的な特徴が「属」の単位でそれぞれ異なることが多いので、水中での観察情報が重要な意味をもつ。ダイバーが撮る水中写真の普及により、既知種であっても生態的情報が増えていることは、ある意味で「ハゼ学」の発展に寄与しているといえる。

　マクロレンズの被写体となるハゼの写真撮影で、驚くほど見事な「顔写真」を見ることがある。それは顕微鏡でみる観察精度に迫るものがあり、専門家との情報交換によってはさらに「ハゼ学」を一歩前進させることが期待できるのではないだろうか。

Callogobius
オキナワハゼ属

　成魚の全長は3〜10cmと種により異なる。沿岸のタイドプールから水深15m付近の岩礁域に生息し、主に岩棚や礫下、サンゴ礁（一部の種は河口汽水域）のサンゴ瓦礫の下などに潜んでいる。動作が鈍いので、発見できれば観察は容易。体形は「ずんぐり形」か「棒形」で、尾鰭は円形から長円形、尖形まで種により異なる。頭部はやや縦扁し、頬には多数の孔器が皮褶上に開き、ヒゲのように見えるのが特徴。鼻管は長くて明瞭。腹鰭は完全な吸盤状ではない。インド-太平洋、紅海に分布する。日本では10種が知られ、伊豆半島から琉球列島にかけて分布し、種数は琉球列島に多い。

No.011

撮影地―沖縄県・石垣島　水深―1.5m　全長―5cm

オキナワハゼ
Callogobius hasseltii
［英］Hasselt's flap-headed goby

地色は灰褐色で、体形は細い「棒形」。左右の吻部から眼を通り、項部で連結する幅の狭い茶褐色帯がある。背側面にも茶褐色の鞍掛状斑が2個ある。尾鰭の上方中央に、よく目立つ眼径より大きな暗褐色楕円斑がある。胸鰭が大きく、その先端が臀鰭起部を超えることで、近似種のナメラハゼと識別できる。日本では伊豆半島から八重山諸島にかけて分布する。

Gobiidae

オキナワハゼ属 *Callogobius*

採集地―奄美大島　水深―5m　全長―5cm　No.012

ナメラハゼ
Callogobius okinawae
[英] Okinawa flap-headed goby

オキナワハゼに似るが、地色は全体に暗褐色で、体側にある模様はくすんでいて不明瞭。眼下線は明瞭。尾鰭上葉の中央には暗褐色の楕円斑がある。胸鰭の先端は臀鰭起部を超えない。日本では琉球列島に分布する。

採集地―八重山諸島・石垣島　水深―0.8m　全長―9.5cm　写真：林　No.013

タネハゼ
Callogobius tanegasimae

地色は全体に茶褐色で、オキナワハゼ属のなかでは体形が最も細い「棒形」。背側面にある3個の暗褐色の鞍掛状斑は不明瞭。尾鰭基底にある褐色横帯は明瞭。尾鰭は尖形で、特に先は長く伸びる。河口干潟の泥中に埋まったサンゴ瓦礫の下に巣穴をつくる。干潮時には見つけやすい。日本では三重県から八重山諸島にかけて分布する。

Gobiidae

Callogobius オキナワハゼ属

No.014

シュンカンハゼ
Callogobius snelliusi

地色は暗褐色で、体形は「ずんぐり形」。頭部にある多数の皮褶上の孔器は立体感があり明瞭。生息環境によって頭部の複雑な斑紋や体側の斑紋は、明瞭であったり不明瞭であったりする。第1背鰭の第1、2棘は長く伸びる。背鰭基底部に3個の黒色小斑があることで、近似種のカタホハゼと識別できる。日本では伊豆半島、三宅島から八重山諸島にかけて分布する。

撮影地—東伊豆・伊豆海洋公園　水深—29m　全長—8cm

No.015

カタホハゼ
Callogobius maculipinnis
[英] Ostrich goby

地色は暗褐色で、体形は「ずんぐり形」。頭部の黒々とした皮褶上の孔器と体側や尾鰭にある淡色小点がよく目立つ。第1背鰭棘は比較的長い。尾鰭は円形。サンゴ礁のサンゴ瓦礫の下を好む。日本では琉球列島に分布する。

採集地—奄美大島
水深—5m　全長—5cm

Gobiidae

オキナワハゼ属 *Callogobius*

フタスジハゼ
Callogobius sclateri
[英] Tripleband goby

地色は淡褐色で、ちょうど両背鰭下方の体側に2本の明瞭な茶褐色の横帯があるのが特徴。体形は「ずんぐり形」。頭部の皮褶上の孔器はよく目立つ。体側の鱗は、胸鰭基底部から後方にだけある。体側斑紋の状態で近似種のズングリハゼと識別ができる。礁湖を好み、パッチ状サンゴの下に潜む。日本では奄美諸島から八重山諸島にかけて分布する。

撮影地―沖縄諸島・久米島　水深―12m　全長―4cm

ヒレグロフタスジハゼ
Callogobius crassus

地色は淡褐色で、和名の「ヒレグロ」からもわかるように、各鰭には一様に黒い模様があるのが特徴。特に尾鰭は後縁部を除いた部分が黒く、胸鰭も基底部を除いて他はすべて黒い。体側の鱗は、第2背鰭起部より後方にわずかにあるだけ。日本では奄美大島と石垣島から分布が知られているにすぎない。稀種。

採集地―奄美大島　水深―15m　全長―2cm
写真：林

ズングリハゼ
Callogobius flavobrunneus

両背鰭基底部にある明瞭な3個所の黒色部とそこから体側につながる茶褐色の鞍掛状斑をもつのが特徴。胸鰭には不鮮明な4本の横帯があり、基部中央付近の横帯は明瞭。体側の鱗は、第2背鰭起部より後方にわずかにあるだけ。体側斑紋の形状がカタホハゼと類似するが、第1、2背鰭棘が伸びない（カタホハゼは伸びる）ことで識別が可能。日本では奄美諸島から八重山諸島にかけて分布する。

採集地―奄美大島　水深―3m　全長―5cm

Gobiidae

Valenciennea
クロイトハゼ属

　比較的大型のハゼで、成魚の全長は7〜25cmと種によって異なる。沿岸浅海域から水深40m付近の砂礫底や泥底を好み、礫や貝殻などの下に巣穴を掘ったり、小石を積み上げた塚のような巣をつくる。成魚はほとんどがペアで生活し、巣穴の周辺になわばりをもつ。よく遊泳し、海底から少し離れたところにホバーリングをしながら、捕食後の余分な砂泥を鰓蓋から流し出す動作はクロイトハゼ属の特徴。口唇が厚く、上顎は下顎より突出する。頭部や体側の模様や色、第1背鰭にある斑紋や模様の有無などで種の識別ができる。腹鰭は完全な吸盤ではない。インド−太平洋に広く分布し、日本では9種が知られ、東京湾から琉球列島にかけて分布するが、種数は琉球列島に多い。

No.019

撮影地—インドネシア・リンチャ島　水深—15m　全長—15cm

クロイトハゼ
Valenciennea helsdingenii
［英］Twostripe goby

　第1背鰭にある黒色班は大きくよく目立ち、体側には2本の明瞭な暗褐色縦帯（水中では黒色に見える）があるのが特徴。成魚では尾鰭が湾入形となる。岩礁地につながる砂底を好み、砂中に潜む小型の節足動物や環形動物を捕食する。礫の下などにペアで巣穴を掘る。全長2〜3cmまでの幼魚は親魚と同じ巣穴で暮らすが、成長すると親魚から離れる。日本では神奈川県から八重山諸島にかけて分布し、太平洋側の高緯度沿岸に多い。

クロイトハゼ属 *Valenciennea*

ヒメクロイトハゼ
Valenciennea parva
[英] Parva goby

クロイトハゼに似るが、体側に2本の鮮やかな山吹色の縦帯があるのが特徴。頬には明瞭な模様はなく、黒い鼻孔がよく目立つ。成魚の背側面には不規則な暗色斑があり、緊張すると強く現れる。クロイトハゼ属のなかでは一番小型で、成魚でも全長は5cm前後。日本では八重山諸島だけに分布する。

撮影地―八重山諸島・石垣島
水深―12m　全長―4cm

ミズタマハゼ
Valenciennea sexguttata
[英] Sixspot goby

体側には特徴のある模様はなく、一様に乳白色。第1背鰭の第3棘が長く、第4棘との間の鰭膜の先端だけが黒いのが特徴。全身が無斑であるなかで、この背鰭の黒色斑だけがよく目立つ。成魚では頬に水色の小円斑が6～8個あり、和名の「ミズタマ」や英名の「Sixspot」はこの斑点にちなむ。日本では八重山諸島に分布する。

撮影地―八重山諸島・石垣島　水深―4m　全長―7cm

| *Valenciennea* クロイトハゼ属

No.022

オトメハゼ
Valenciennea puellaris
[英] Orange-dashed goby

成魚は鮮やかな橙色斑が、頬や背側面、背鰭基底部に多数散在する。幼魚期は体側中央にも橙色斑があり、成長するにつれてこの斑点はつながって、成魚では橙色縦帯になる。第1背鰭は三角形。日本では主に琉球列島に分布するが、伊豆半島や小笠原諸島にも分布する。

撮影地―サイパン島　水深―15.5m　全長―13cm

No.023

サザナミハゼ
Valenciennea longipinnis
[英] Long-finned goby

成魚の背側面には赤褐色の細い縦帯が4本ある。和名の「サザナミ」はこの縦帯が直線ではなく波形状であることにちなむ。第1背鰭にも同様のサザナミ模様がある。体側中央には5個の暗赤色楕円斑が縦1列に並び、他種と識別する一番の手がかりとなる。第1背鰭は台形。日本では奄美諸島から八重山諸島にかけて分布する。近年、伊豆半島からも記載された（瀬能・道羅, 2002）。

撮影地―八重山諸島・与那国島
水深―3m　全長―20cm

撮影地―西伊豆・大瀬崎　水深―15m　全長―14cm

No.024

ササハゼ
Valenciennea wardi

クロイトハゼ属のほとんどの種が体側に数本の縦帯をもつのに対して、ササハゼは珍しく3本の茶褐色横帯をもつことで、他種と容易に識別できる。眼に瞳孔と同じ幅の横帯があるのも特徴。第1背鰭には大きな黒色斑がある。礫や貝殻をうまく組み合わせて大きな塚のような巣穴をつくる。普段の行動は、ペアよりもむしろ単独のことが多い。日本では静岡県や高知県に分布する。

No.025

太平洋型
撮影地―八重山諸島・石垣島
水深―35m　全長―7cm

アカネハゼ
Valenciennea bella

成魚は吻部から項部にかけてが黄色で、体側は全体に美しい赤桃色。和名の「アカネ」は体色の印象にちなむものであるが、生息海域（西太平洋とインド洋）によって体色にはかなりの差が認められる。頬には2本の青色縦帯がある。第1背鰭の第2〜4棘は先端が長く伸び、鰭膜の切れ込みが深い。生息水深は30〜40mと深い。日本では琉球列島に分布する。

No.026

インド洋型　撮影地―インドネシア・バンガイ島　水深―36m　全長―10cm　写真：林

Valenciennea クロイトハゼ属

No.027

アカハチハゼ
Valenciennea strigata
[英] Bluestreak goby

成魚は前頭部が鮮やかな黄色で、体側は全体に乳白色。前頭部の黄色の濃淡は、生息海域によって異なることが多くの生態写真からも知られている。頬には輝青色縦帯があり、この縦帯は上唇とつながらないことで、近似種のアオハチハゼと識別できる。第1背鰭の第2棘は先端が糸状に長く伸びる。日本では静岡県から琉球列島にかけて分布する。

撮影地―慶良間諸島　水深―10m　全長―11cm

No.028

撮影地―サイパン島
水深―9.5m
全長―12cm

Gobiidae

クロイトハゼ属 *Valenciennea*

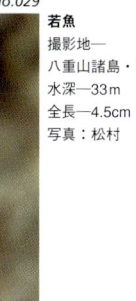

No.029

若魚
撮影地―
八重山諸島・石垣島
水深―33m
全長―4.5cm
写真：松村

No.030

アオハチハゼ
Valenciennea randalli
[英] Greenband goby

成魚の頬には太い輝青色縦帯があり、縦帯は上唇につながる。この縦帯の上下に細い橙色線があるのが特徴。腹側面には、橙色の縦帯がある。第1背鰭の第3棘は先端が長く伸びるが、糸状ではない。生息水深がクロイトハゼ属のなかでは深く25m～40m。日本では琉球列島に分布する。

撮影地―奄美大島　水深―24m　全長―12cm

Priolepis
イレズミハゼ属

　小型のハゼで、成魚の全長は3〜5cm。岩礁やサンゴ礁に生息し、水深40m以浅から知られている。岩棚の奥や隙間に潜み、天井面に腹をつけて逆位でいることが多い。潮が動き始めると岩棚の入口で浮遊性小動物を捕食する様子が見られるので、このときの観察は容易。頭部が大きく、口は斜位で上向き。第1背鰭棘が糸状に長く伸びるグループと伸びないグループとに大別できる。頭部や体側に数本の明瞭な横帯があるのはイレズミハゼ属の特徴。体はわずかに側扁し、尾柄高は体高よりもかなり低い。腹鰭は完全な吸盤ではない。インド-西太平洋、南太平洋に広く分布し、日本では8種が知られ、東京湾から琉球列島にかけて分布するが、奄美大島以南に種数が多い。

No.031

イレズミハゼ
Priolepis semidoliata
[英] Half-barred goby

地色は一様に黄褐色で、頭部にある5本の明色横帯はイレズミハゼの特徴であり、背鰭基底付近にも短い明色横帯が4〜5本ある。和名の「イレズミ」は、この明色横帯が「刺青」模様に見えることにちなむ。体の大きさに比べ各鰭が大きく、第1背鰭棘は糸状に伸び、鰭膜の切れ込みが深い。岩穴奥の天井面に逆位でいる。捕食時に一瞬岩から離れるときが見つけやすい。日本では慶良間諸島や八重山諸島に分布する。

採集地—慶良間諸島　水深—0.5m　全長—1.5cm　写真：小野

フトスジイレズミハゼ
Priolepis latifascima

地色は一様に黄褐色で、頭部にある5本の明色横帯は本種の特徴である。胸鰭基部の明色横帯と鰓蓋の明色横帯の合流点では、前者の帯幅が後者の帯幅の2倍近くあることでイレズミハゼと識別できる。生態はイレズミハゼと同様。伊豆半島、小笠原諸島、奄美諸島、沖縄島に分布する。

撮影地—小笠原諸島・兄島　水深—13.5m　全長—3cm　No.032

No.033

ミサキスジハゼ
Priolepis borea

地色は一様に赤褐色で、頭部に5本と胸鰭基部に1本の明色横帯があり、胸鰭基部と鰓蓋にある明色横帯が項部で合流しないことで近似種のイレズミハゼ（2本の明色横帯は項部で合流）と識別できる。この明色横帯は幼魚期が特に明瞭。第1背鰭棘は糸状に伸びない。岩穴奥の天井面や大型のカイメン類などに付いていることが多い。日本では青森県から九州にかけて分布する。

撮影地—西伊豆・大瀬崎　水深—23m
全長—2.5cm　写真—内山

No.034

イザヨイベンケイハゼ
Priolepis nocturuna
[英] Full-Moon reef-goby

地色は一様に灰白色で、頭部に2本と体側に3本の明瞭な暗色横帯があり、イレズミハゼ属のなかではこの奇抜な模様から本種の識別は容易。岩穴奥や岩棚などに潜む。日本ではインド洋産のものが古くから鑑賞魚として輸入されている。全長は5cmほど。モルディブやインドネシアなどの海域で見る機会のほうが多い。日本では高知県・柏島だけから知られている。

撮影地—マレーシア・マブール島　水深—12m　全長—3cm　写真：平田

Gobiidae

Priolepis イレズミハゼ属

No.035

ベンケイハゼ
Priolepis cincta
[英] Convict goby

頭部や体側全体に明瞭な茶褐色横帯があることで、イレズミハゼ属の他種と識別できる。体側の第2背鰭起部から尾鰭基底までの明色横帯が6本であることが特徴。第1背鰭棘は糸状に伸びない。岩穴奥や岩棚の天井面にいる。日本では千葉県(東京外湾)から琉球列島にかけて分布する。

撮影地―西伊豆・大瀬崎　水深―30m　全長―5cm　写真：杉森

No.036

コベンケイハゼ
Priolepis fallacincta

頭部や体側全体にやや不鮮明な茶褐色横帯がある。ベンケイハゼとは、体側の第2背鰭起部から尾鰭基底までの明色横帯が5本であることにより識別できる。生態はベンケイハゼと同様であるが、水中で見る機会はベンケイハゼよりもまれ。日本では宇和海、高知県・柏島、琉球列島に分布する。

撮影地―奄美大島　水深―9m　全長―5cm

イレズミハゼ属 *Priolepis*

No.037

コクテンベンケイハゼ
Priolepis sp.

頭部や体側全体に鮮明な茶褐色横帯があり、ベンケイハゼと外観が極めてよく似ているが、尾鰭の上縁に数本の短い黒色帯をもち、尾鰭後縁が白いことで識別できる。和名の「コクテン」は、本種の特徴でもある第1背鰭前基部に、白線で囲まれた黒色斑があることにちなむ。水中で見る機会はベンケイハゼよりもまれ。日本では千葉県（東京外湾）、小笠原諸島、宇和海、高知県・柏島に分布する。

若魚　撮影地—東伊豆・伊豆海洋公園　水深—10m　全長—2.5cm

Column ハゼ類の研究史（海外編）

　魚類の研究史は、古代ギリシャの海洋生物の研究をもって幕を開けるが、近代魚類学は1700年代後半の東ヨーロッパに端を発している。「魚を研究する」ことも当時は「博物学」と位置づけられ、研究者のほとんどは博物学者であった。1800年代に入ると、フランス、ドイツ、オランダなどの国々が植民地政策に関連して東インド洋や西太平洋地域へと進出した。研究者は標本を集め、専門の画家が生標本の絵を描くという共同作業が行われ、後に出版された。これらの印刷物は多くの図版が掲載され、「魚類図譜」的な使い道が備わっていた。

　とりわけハゼだけの専門書はないが、インド-西太平洋での魚類相調査ではハゼの地理分布上での中心海域でもあることから、新種を含む分類学的な報告がたくさん発表された。フランスのCuvier, Valenciennes、ドイツのBleeker, Koumans、オランダのWeber, Beaufort、イギリスのP.J.Miller、南アフリカのJ.L.B.Smith、アメリカのJordan, Snyder, Fowlerなどの魚類学者による報告には数多くのハゼが含まれる。なかでもアメリカのスタンフォード大学のHerreによるフィリピン海域での精力的なハゼの分類学的研究は、日本のハゼ類相を調べる上で今でも必要な「ハゼ学書」である。近年ではアメリカ（ハワイ）のRandall（クロユリハゼ、アカハチハゼ属）、カナダのWinterbottom（イソハゼ、ベニハゼ属）、オーストラリアのLarson（ガラスハゼ、アベハゼ属）等のの生態写真を取り入れた研究成果の発表がめざましい。

Trimmatom
シマイソハゼ属

　小型のハゼで、成魚の全長は3cm前後。サンゴ礁の水深30m以浅に生息する。岩棚の奥や隙間に潜み、天井面に逆位でいることが多い。潮が動き始めると浮遊性小動物を捕食する様子が見られるのはイレズミハゼ属やベニハゼ属と同様。眼が大きく、口は斜位で上向き。赤色や橙色の体側に輝青色の数本の横帯があるのが特徴。体高はベニハゼ属よりも低い。

ベニハゼ属に近縁とされ、ベニハゼ属は腹鰭軟条が分枝するのに対し、シマイソハゼ属は分枝しない点で識別できる。現在、未記載種を含め分類学的検討が進められている。インド-西太平洋、中部太平洋に分布し、日本ではトカラ列島以南に分布するシマイソハゼ以外にも数種が琉球列島に分布する。

No.038

撮影地―沖縄諸島・久米島　水深―8m　全長―2.5cm

シマイソハゼ
Trimmatom sp.

地色は美しい緋色で、頭部に3本、体側に6本の細い灰青色の横帯があり、尾柄にある横帯だけが体側中央に達しない。近縁種の*Trimmatom eviotops*と外観がよく似ているが、体側にある灰青色の横帯の数（*T.eviotops*は5本）や幅が異なる。岩礁やサンゴ瓦礫に定着している。日本ではトカラ列島以南、奄美諸島や沖縄諸島に分布する。

シマイソハゼ属 **Trimmatom**

No.039

シマイソハゼ属の1種
Trimmatom sp.

全体に透明感があり、頭部から体側にかけて12本の朱紅色の細い横帯をもつことが本種の特徴。朱紅色横帯の間には不明瞭な暗色横帯がある。本種の外観は、Winterbottom（2001）の*Trimmatom pharus*（模式産地はセーシェル諸島）の特徴とほぼ一致するが、日本産標本との検討が不十分なのでシマイソハゼ属の1種とした。

撮影地─八重山諸島・石垣島
水深─3.5m　全長─2.5cm

No.040

シマイソハゼ属の1種
Trimmatom sp.
［英］Blue-barred dwarfgoby

地色は朱紅色で、頭部に3本、体側に5本の水色の細い横帯があり、尾柄と第2背鰭基底中央にある横帯が体側中央に達しないことで、近似種のシマイソハゼと識別できる。海外の図鑑では本種に*Trimmatom eviotops*という学名がつけられているが、日本産標本との検討がまだ十分ではない。日本では八重山諸島に分布する。

撮影地─サイパン島　水深─6m　全長─2cm　写真：木村（裕）

Gobiidae

Trimma
ベニハゼ属

　小型のハゼで、成魚の全長は2.5〜3.5cm。岩礁やサンゴ礁の水深40m以浅に生息する。多くの種は岩棚の奥や隙間に潜む。単独で天井面に逆位でいるものと、遊泳性が強く、崖穴の付近に数十尾で群らがるものとがいる。浮遊性小動物を捕食するため、頻繁に岩棚から離着する行動はベニハゼ属の特徴といえる。眼が大きく、口は斜位で上向き。体側はやや側扁する。遊泳性の種は第1背鰭棘が糸状によく伸びる。腹鰭は完全な吸盤ではなく、軟条が長く臀鰭に届く。ベニハゼ属は近年になって種の分類学的検討が進み、毎年新種が報告されているが、未記載種の発見も加速している。インド-西太平洋、中部太平洋に分布し、日本でも10種が知られる。東京湾から琉球列島にかけて分布するが、未記載種がかなり多い。

撮影地—サイパン島　水深—7m　全長—3cm　写真：木村（裕）　　　　　　　　　　　　　　　　　　　　　　　　　　　　　　*No.041*

ベニハゼ
Trimma caesiura
[英] Caesiura dwarfgoby

地色は深い紅色で、頭部は青みがかった暗灰色。雄は頭部の暗灰色が特に濃い。項部から鰓蓋上部にかけて、細い暗灰色の縁取りのある亀甲模様がある。背側面に白い大きな斑紋が点列状にあるのが特徴。岩礁やサンゴ礁の崖壁にある穴の中に潜む。日本では琉球列島に分布する。

No.042

撮影地—八重山諸島・西表島　水深—10m　全長—3cm

ベニハゼ属 **Trimma**

チゴベニハゼ
Trimma naudei
［英］Rubble dwarfgoby

地色や頭部の色、体側にある点列状の白色斑などがベニハゼと極めて似ているので、水中では混同されやすい。胸鰭基底に三日月状の黒色斑があること、第1背鰭の第2棘が糸状に伸長するなどの特徴から、ベニハゼと識別できる。岩礁やサンゴ礁の崖壁にある穴の中に潜む。日本では琉球列島に分布する。

撮影地―八重山諸島・西表島　水深―14m　全長―3cm　写真：笠井　No.043

オキナワベニハゼ
Trimma okinawae
［英］Red-spoted dwarfgoby

地色は暗赤色で、頭部や体側全体に橙色の不規則な斑点が多数あるのが特徴。鰓蓋や眼下域ではこの橙色斑がつながり3〜4本の横帯になる。体側の不規則な斑点の濃淡は、個体差や地域差が大きい。背鰭や臀鰭、尾鰭などにも橙色斑が明瞭な個体がいる。日本では伊豆半島から琉球列島にかけて分布する。

撮影地―沖縄諸島・伊江島　水深―25m　全長―3cm

No.044

No.045

撮影地―奄美大島
水深―12m
全長―3cm

Gobiidae

Trimma ベニハゼ属

No.046

オオメハゼ
Trimma macrophthalma
[英] Large-eyed dwarfgoby

地色は透明感のある淡赤色で、頭部や体側には橙黄色や赤橙色の斑点が密にある。体はベニハゼ（No. 041, 042）やチゴベニハゼ（No.043）と比べると側扁している。胸鰭基底付近に赤褐色斑が2個あること、第1背鰭の第2棘が伸長することなどが特徴で、近似種のオキナワベニハゼ（No.044, 045）と識別できる。岩礁やサンゴ礁の崖壁にある穴の中に潜む。日本では伊豆諸島から琉球列島にかけて分布する。

撮影地―慶良間諸島
水深―18m　全長―1.5cm　写真：小野

撮影地―八重山諸島・石垣島　水深―20m　全長―2cm　写真：中本　*No.047*

ニンギョウベニハゼ
Trimma sheppardi

地色は透明感のある乳桃色で、鰓蓋から眼下域にかけて3～4本の横帯がある。頭部や体は側扁し、第1背鰭起部付近の体高が高い。鰓蓋上部に黒色斑があり、水中でもよく目立つ。体側中央には7～8個の不明瞭な暗色斑がある。サンゴ礁に生息し、水深30m付近のやや深い磯根の隙間に潜む。日本では琉球列島に分布する。

Gobiidae

ベニハゼ属 **Trimma**

No.048

ウロコベニハゼ
Trimma emeryi

地色は淡黄褐色で透明感がある。項部から体側にかけて暗褐色の網目模様があり、ちょうど鯉のぼりの鱗のように見えるのが特徴。和名の「ウロコ」はこの体側模様の特徴にちなむ。各鰭に模様はない。水中で見ることは極めてまれで、サンゴの枝間の奥に潜んでいる。日本では琉球列島に分布する。

採集地―奄美大島　水深―10m　全長―3cm

No.049

カスリモヨウベニハゼ
Trimma griffithsi

体はほとんど半透明で、吻端から尾柄後端にかけて幅の広い赤色縦帯がある。吻部には短い輝青色線があり、眼の上縁と体側の赤色縦帯の上には細い白色縦帯がある。和名の「カスリ」は背側面に顕著に見られる赤い絣模様にちなむ。静かな礁湖を好み、糸状で著しく長い第1背鰭第2棘を伸ばしてサンゴの周辺を遊泳している。ときには群らがりをつくることもある。日本では琉球列島に分布する。

撮影地―八重山諸島・西表島
水深―8m　全長―2cm　写真：笠井

Gobiidae

Trimma ベニハゼ属

オヨギベニハゼ
Trimma taylori
［英］Cave dwarfgoby

体は半透明で、体側に大柄な橙黄色の不規則な模様がある。背鰭と臀鰭、尾鰭には体側と同色の小斑が点在する。第1背鰭の第1、2棘は糸状で著しく長い。岩穴の付近を逆位で遊泳するのが特徴。和名の「オヨギ」はベニハゼ属のなかでも遊泳性が強いことに由来する。サンゴ礁の崖壁で見られ、群らがりをつくる。日本では八丈島、琉球列島に分布する。

撮影地—サイパン島
水深—16m　全長—3cm

撮影地—サイパン島　水深—15m　全長—3cm

フジナベニハゼ
Trimma winchi

体は透明感のある鮮やかな黄色で、体側に顕著な模様はない。水中では黄色の背鰭と臀鰭基底部が透けて見える。背側面と尾柄部には鱗の外輪郭に沿って淡褐色の網目模様がある。眼に特徴があり、瞳を囲む輪郭部が美しい紫青色で、眼の外周は赤色。和名の「フジナ」はタンポポの古名にちなむ。日本での分布記録は、沖縄諸島・伊江島から鈴木・瀬能(2001)による報告のみ。

Gobiidae

ベニハゼ属 **Trimma**

イチモンジハゼ
Trimma grammistes

地色は乳白色で、吻端から尾柄後端にかけて幅の広い暗赤褐色の縦帯があり、背鰭起部から吻端に向かう同色の細縦帯がある。眼下にある水色の縦帯は水中では蛍光色に見える。岩穴の中に潜り、ふつう腹側を天井面につけて定位しているが、捕食のため穴から出るときは体の向きを変える。日本では房総半島から四国にかけて分布する。

撮影地―西伊豆・大瀬崎　水深―25m　全長―3cm　No.052

アオギハゼ
Trimma tevegae
［英］Blue-striped dwarfgoby

地色は橙色で、体側中央に青紫色の縦帯があり、水中では蛍光色に見える。下顎から胸部にかけては水色。尾鰭は美しい濃赤紫色で、基底部に2個の黒色斑をもつのが特徴。糸状で著しく長い第1背鰭第2棘をよく伸ばして、サンゴ礁の崖壁の岩穴付近を逆位で泳ぐ。大きな群らがりをつくることもある。和名の「アオギ」は仰向けに泳ぐ特徴にちなむ。日本では八丈島、琉球列島に分布する。

No.053 
撮影地―サイパン島
水深―15m
全長―3cm

No.054 
撮影地―慶良間諸島
水深―15m
全長―3cm

Trimma ベニハゼ属

ベニハゼ属の1種
Trimma flammeum
[英] Orange-spotted dwarfgoby

外観はオオメハゼ（No.046）によく似ているが、胸鰭基部にある2個の赤褐色斑の大きさが同一（オオメハゼは下方の斑紋が上方より大きい）であることで識別できる。サンゴ礁につくカイメン類の周辺でよく見られる。日本では未記録。

No.055

撮影地—モルディブ諸島　水深—9m　全長—3cm

No.056

撮影地—インドネシア・バンダ島　水深—10m　全長—3cm

ベニハゼ属の1種
Trimma halonevum
[英] Sparsely-spotted dwarfgoby

No.058

撮影地—インドネシア・バリ島　水深—25m
全長—1.7cm　写真：纐纈

体後半は透明感のある橙色で、体前部は桃色。本種の色斑の特徴は、赤色小斑が体前部に集中して点在すること。眼の外周は赤色で、放射状の細い白色線がある。第1背鰭第2棘は比較的長い。日本では石垣島から記録された。

No.057

撮影地—八重山諸島・石垣島　水深—25m　全長—3cm　写真：中本

Gobiidae

ベニハゼ属 **Trimma**

No.059

ベニハゼ属の1種
Trimma anaima
[英] Sharp-eye dwarfgoby

外観はカスリモヨウベニハゼ(*No.049*)によく似ている。体側には幅の広い橙赤色の縦帯があり、その縦帯の背側には、眼の上縁から尾柄中央まで白色縦帯がある。吻部には短い白色線がある。第1背鰭棘は伸長しない。遊泳性が強く、静かなサンゴ礁内湾を好む。日本では沖縄諸島から記録された。

撮影地―インドネシア・バリ島　水深―30m　全長―1.8cm　写真：縣瀬

No.060

撮影地―沖縄諸島・久米島　水深―25m　全長―3cm　写真：川本

No.061

ベニハゼ属の1種
Trimma benjamini
[英] Redface dwarfgoby

体は透明感のある橙赤色で、頭部や体側に目立つ斑紋はない。本種は、眼の外周が金色の細い線で縁取られていることが特徴で、英名はリング・アイ(Ring-eye)とも呼ばれる。第1背鰭第2棘は糸状で長い。日本では未記録。

No.062

撮影地―フィリピン・セブ島　水深―20m　全長―3.5cm　写真：杉森

撮影地―フィリピン・バリカサグ島　水深―10m　全長―3cm　写真：笠井

Gobiidae

Trimma ベニハゼ属

ベニハゼ属の1種
Trimma striata
[英] Stripehead dwarfgoby

体は透明感のある淡桃色。本種の特徴は、頭部に5本の赤色縦帯があること。生息環境により、体側にある橙色の小斑点は不明瞭になる。眼の外周には黄色の斑点がある。日本では未記録。

撮影地—マレーシア・マブール島
水深—21m 全長—2cm 写真：䌷䌷

No.063

No.064

ベニハゼ属の1種
Trimma rublomaculatus

地色は透明感のある桃赤色。本種の色斑の特徴は、体側にある不規則な大きさの赤色斑と背側面にある不連続な白色縦帯である。背中線上にも5〜6個の赤色斑がある。下顎から腹部にかけては薄い桃色。岩礁から離れてよくホバーリングをする。生息水深は30〜60mで、日本では未記録。

撮影地—インドネシア・バリ島 水深—55m
全長—1.5cm 写真：䌷䌷

No.065

ベニハゼ属の1種
Trimma stobbsi

体は透明感のある暗桃赤色で、不明瞭な黄色小点が体側や背鰭、尾鰭、臀鰭にある。頭部は鮮やかな黄色で、鰓蓋と胸鰭基部は桃色。この染め分け状の色彩と鰓蓋上部にある暗赤色斑が本種を識別する特徴。生息水深記録は10〜70m。日本では未記録。

撮影地—インドネシア・バリ島
水深—70m 全長—1.8cm 写真：䌷䌷

Gobiidae

Column 未知数のベニハゼ属

　ハゼ科のなかでベニハゼ属については、研究者によって毎年新種として記載される数より、ダイバーなどハゼ愛好者により発見される未記載種の数のほうが圧倒的に多いのが現状である。カナダの魚類研究者であるWinterbottom博士は、インド-太平洋、大西洋、紅海など広い海域から、近年多くのベニハゼ属の新種を精力的に記載しているが、とても追いつかない。鈴木・瀬能（2001）によれば、世界のベニハゼ属の公称種は35種で、そのうち33種が有効と考えられている。明仁ほか（2000）により日本のベニハゼ属は10種が有効とされている。

　しかしベニハゼ属については、まだまだ日本を含めて世界の海の「お蔵入り種」が豊富なのである。ベニハゼ属は、分類学で用いる体各部の形質計数的な種間の差が少ないので、分類形質には体色や斑紋などの特徴をよく用いる。しかし体色や斑紋などの特徴も広域に分布する種については地域差があり、また個体差や雌雄差などの検討もまだ不十分である。これらの問題を解決するためには、多くの画像情報の収集と標本採集が不可欠なのである。「お蔵入り種」を1つでも減らすためには、ハゼ愛好者の研究協力が必要とされている。

No.066
ベニハゼ属の1種
Trimma sp.

撮影地―パラオ諸島
水深―21m
全長―2.5cm

No.067
ベニハゼ属の1種
Trimma sp.

撮影地―沖縄諸島・久米島
水深―50m
全長―3cm
写真―川本

ベニハゼ属の1種
Trimma sp.

撮影地—サイパン島　水深—15m　全長—2.5cm
写真：木村（裕）

No.068

ベニハゼ属の1種
Trimma sp.

撮影地—サイパン島　水深—15.5m　全長—3cm

No.069

ベニハゼ属の1種
Trimma sp.

撮影地—インドネシア・バリ島　水深—20m　全長—3cm

No.070

ベニハゼ属の1種
Trimma sp.

撮影地—サイパン島　水深—19m　全長—2.5cm

No.071

ベニハゼ属の1種
Trimma sp.

撮影地—パラオ諸島　水深—32m　全長—2.5cm

No.072

ベニハゼ属の1種
Trimma sp.

撮影地—サイパン島　水深—15m　全長—2.5cm
写真：木村（裕）

No.073

No.074

ベニハゼ属の1種
Trimma sp.

撮影地—サイパン島　水深—4m　全長—3cm
写真：木村（裕）

No.075

ベニハゼ属の1種
Trimma sp.

撮影地—サイパン島　水深—20m　全長—2.5cm

No.076

ベニハゼ属の1種
Trimma sp.

採集地—奄美大島　水深—7m　全長—2.5cm

No.077

ベニハゼ属の1種
Trimma sp.

撮影地—インドネシア・バリ島　水深—66m　全長—2cm
写真：鍮鍮

No.078

ベニハゼ属の1種
Trimma sp.

撮影地—インドネシア・バリ島　水深—39m　全長—1.8cm
写真：鍮鍮

No.079

ベニハゼ属の1種
Trimma sp.

撮影地—サイパン島　水深—15m　全長—2.5cm
写真：木村（裕）

Eviota
イソハゼ属 🏔️ 🌀

　小型のハゼで、成魚の全長は1.5～3.5cm。岩礁やサンゴ礁の潮間帯から水深30m以浅に生息する。岩棚の奥や隙間に単独で潜む定着性の強い種は比較的浅いところに、サンゴの枝間周辺に群がる遊泳性の種は潮間帯下部以深で見られる。本州中部沿岸に生活するイソハゼ類は、冬期水温が下がると深い岩棚の奥で活動休止状態を保つ。吻長は短く、眼は大きく、前鼻管が長いのが特徴。イソハゼ属の腹鰭は左右に分かれるが、近縁のアワイソハゼ属*Sueviota*の腹鰭は分かれない。主な遊泳性の種は第1背鰭第1、2棘が糸状で長い。体は透明感があり、鱗の外縁は暗色素が明瞭なので、網目状模様に見える。多くの種が紅海、インド-太平洋に広く分布するが、未記載種も多い。日本では29種が青森県以南に分布し、琉球列島では種数が多い。

No.080

雌　採集地―静岡県・下田　水深―2m　全長―3.5cm　写真：林

イソハゼ
Eviota abax
[英] Pygmy goby

地色は透明感のある淡黄色で、鱗の外縁にある暗赤褐色の色素が体側に網目状模様をつくる。頭部には多数の暗赤褐色小斑があり、数の多少には個体差がある。胸鰭基部には瞳大の2個の暗赤褐色斑が縦に並ぶ。眼の後方に1対の明瞭な暗色斑がある。雄の第1、2背鰭棘は伸長するが、雌は伸びない。タイドプールから水深15m付近の岩礁棚に潜む。日本では青森県から琉球列島にかけて広く分布する。日本固有種とされていたが、朝鮮半島にも分布する。

イソハゼ属 Eviota

雄
撮影地―高知県・柏島
水深―13m　全長―3cm

雌
撮影地―西伊豆・大瀬崎
水深度―11m
全長―3cm

No.081

No.082

アカイソハゼ
Eviota sp.
[英] Pygmy goby

地色は透明感のある淡桃色で、鱗の外縁にある赤橙色の色素が体側に網目状模様をつくる。体側模様の基本パターンはイソハゼと極めて似ているが、頬部に1～2本の紅色縦帯があることで識別できる。胸鰭基部には瞳大の2個の暗赤色斑が縦に並ぶ。眼の後方に1対の不明瞭な暗赤色斑がある。臀鰭には暗赤色の斜帯が3本ある。水深5～15mの岩礁棚に潜む。房総半島、伊豆半島、小笠原諸島、徳島県、高知県などに分布する。

撮影地―奄美諸島・加計呂間島　水深―6m　全長―1.8cm　No.083

コビトイソハゼ
Eviota distigma
[英] Twospot pygmy goby

外観はイソハゼに似る。小型のハゼで、全長は2cm以内。地色は透明感のある乳白色で、鱗の外縁に暗赤褐色の色素が密にあり、体側に網目状模様をつくる。頭部にある暗赤褐色斑は個体によっては連結する。胸鰭基部には瞳大の2個の暗赤褐色斑が、眼の後方には1対の明瞭な暗色斑がある。尾柄に大きな黒色斑があり、第1背鰭に暗色斜帯があること、体後部の皮下にX字状の斑紋が透けて見えることなどの特徴がある。主に礁湖内のサンゴ群体の隙間に潜む。日本では琉球列島に分布する。

Gobiidae

47

Eviota イソハゼ属

雄　撮影地―サイパン島　水深―9m　全長―3cm

シロイソハゼ
Eviota albolineata
[英] Whiteline pygmy goby

体は透明感があり、脊柱上にある白色縦帯や腹部の暗赤色斑などが透けてよく見える。写真では体側にある赤褐色の網目状模様は明瞭だが、水中ではほとんど見えない。頭部や胸鰭基部、各鰭などに斑点や斜帯はない。主に水深3m以浅に生息し、礁湖や大きなタイドプールなどの穏やかな水域を好む。日本では高知県、鹿児島県、琉球列島に分布する。

雌　撮影地―サイパン島
水深―8m　全長―3cm

Gobiidae

イソハゼ属 **Eviota**

雄　撮影地―サイパン島　水深―0.2m　全長―2.5cm　写真：木村（裕）

No.086

クロホシイソハゼ
Eviota smaragdus
［英］Smaragdus pygmy goby

No.087

体は透明感があり、背柱上にある白色縦帯やその上下方にある大きな暗褐色斑などが透けてよく見える。頭部には少数の黄褐色斑があり、胸鰭基部には瞳大の2個の黄褐色斑がある。眼の後方に1対の明瞭な黒色斑がある。和名の「クロホシ」は、背中線上に並んでいる複数の黒点にちなむ。サンゴ礁の潮間帯に生息し、日本では琉球列島に分布する。

雌　撮影地―サイパン島　水深―0.5m　全長―3cm

Gobiidae

Eviota

雄
撮影地—高知県・柏島
水深—6m
全長—3cm

雌
撮影地—奄美大島
水深—7m　全長—3cm

No.089

No.088

アカホシイソハゼ
Eviota melasma
[英] Melasma pygmy goby

脊柱上にある白色縦帯や腹部から尾柄にかけてある大小の赤褐色斑などが透けてよく見える。体側にある赤橙色の網目状模様は雄が明瞭で、雌は不明瞭。頭部には少数の赤色斑があり、胸鰭基部には瞳大の2個の淡赤色斑がある。鰓孔始部の上に明瞭な黒色斑がある。外観はアカイソハゼ（No.081, 082）に似るが、分布域は重複しない。サンゴ礁の礁縁部の水深20m以浅に生息し、日本では琉球列島に分布する。

No.090

クロスジイソハゼ
Eviota sebreei
[英] Sebree's pygmy goby

脊柱上にある白色の点列斑やその下にある幅の広い暗赤褐色縦帯が透けてよく見える。この暗赤褐色縦帯は尾柄部から尾鰭後端まで伸長する。尾鰭基底部に瞳大の黒色斑がある。水中ではこの黒色斑と直前にある小さな金色斑がよく目立つ。胸鰭基部付近と吻部はやや赤みがあり、前鼻管も赤い。キクメイシなどの塊状サンゴの上に生息し、水深は15〜20m。日本では琉球列島に分布する。

撮影地—インドネシア・バリ島
水深—7m　全長—2.5cm

Gobiidae

イソハゼ属 *Eviota*

ニセクロスジイソハゼ
Eviota cometa
[英] Comet pygmy goby

外観はクロスジイソハゼによく似る。脊柱上にある白色の点列斑やその下方にある幅の広い紅色縦帯が透けてよく見える。この紅色縦帯と連結する尾鰭縦帯はない。尾鰭基底部には2個の黒色斑が横並びにあることでクロスジイソハゼと識別できる。水中ではこの黒色斑の真上にある大きな黄色斑がよく目立つ。眼の前縁から前鼻管にかけて赤色斜帯がある。水深15〜20mの岩礁やサンゴ礁の上に生息し、日本では沖縄島以南に分布する。

撮影地—サイパン島　水深—12m　全長—2cm
No.091

ハナグロイソハゼ
Eviota sp.

脊柱上や腹部などに3本の白色の点列斑があり、透けてよく見える。体側にある淡橙色の網目状模様は雄が明瞭で、雌は不明瞭。頭部や頬には顕著な斑紋はない。和名の「ハナグロ」は、前鼻管の先端が黒いことにちなむ。胸鰭基部に長円形の白色斑がある。鰓孔始部の上には黒色斑がある。サンゴ礁の潮間帯下部から水深10m以浅に生息し、日本では琉球列島に分布する。

No.092 
雌
撮影地—奄美大島
水深—7m
全長—3cm

No.093 
雄
撮影地—奄美大島
水深—8m
全長—3cm

Gobiidae

Eviota イソハゼ属

No.094

キンホシイソハゼ
Eviota storthynx
[英] Storthynx pygmy goby

外観はハナグロイソハゼ(*No.092, 093*)によく似ている。脊柱上や腹部などに白色の点列斑があり、透けてよく見える。体側にある淡褐色の網目状模様は雄が明瞭で、雌は不明瞭。眼の前縁から前鼻管にかけて暗赤褐色斜帯がある。眼の後方に瞳大の暗色斑があることでハナグロイソハゼと識別できる。第2背鰭や尾鰭には細かい黒点が散在する。サンゴ礁の潮間帯下部から水深10m以浅に生息し、日本では四国、九州から琉球列島にかけて分布する。

雌　撮影地―奄美大島
水深―9m　全長―2.5cm

雄　撮影地―奄美大島　水深―5m　全長―2.5cm

No.095

Gobiidae

アオイソハゼ
Eviota prasites
［英］Hairfin pygmy goby

外観はハナグロイソハゼ(No.092, 093)やキンホシイソハゼによく似る。脊柱上や腹部などに白色の点列斑や暗色縦帯があり、透けてよく見える。体側にある赤褐色の小斑点（個体により網目状模様になる）は雄が明瞭で、雌は不明瞭。尾柄後端にある斑紋は二叉状で、下方が濃いのが特徴。下顎から前鰓蓋下方にかけて暗色縦帯があることで近似種と識別できる。サンゴ礁の潮間帯下部から水深15m以浅に生息し、日本では四国、琉球列島に分布する。

上／雄　撮影地―奄美大島　水深―5m
全長―3cm
中／雌　撮影地―奄美大島　水深―3m
全長―3cm
下／雌　撮影地―奄美大島　水深―8m
全長―2.5cm

| Eviota イソハゼ属

No.099

雄　撮影地—サイパン島　水深—0.3m　全長—3cm

ムスジイソハゼ
Eviota saipanensis
[英] Saipan pygmy goby

体は透明感のある淡緑色。体側にある暗赤褐色の網目状模様は雌が鮮明で、雄では不鮮明。頭部に3～4本の暗赤褐色横帯がある。胸鰭基部から尾鰭基底にかけて6本の暗赤褐色横帯があり、透けてよく見えるのが特徴。尾柄部後方には縦長の小黒色斑があり、臀鰭起部から尾鰭基底付近にかけて4個の黒色斑が並ぶ（近似種のナンヨウミドリハゼは5個）。雄の第1背鰭棘は伸長するが、雌は伸びない。波の当たる礁原のタイドプールに生息し、日本では沖縄本島以南に分布する。

No.100

雌
撮影地—サイパン島
水深—0.2m　全長—2cm
写真：木村(裕)

イソハゼ属 *Eviota*

No.101

ナンヨウミドリハゼ
Eviota prasina
[英] Pepperfin pygmy goby

体色は透明感のある緑褐色。雌雄共に体側にある暗赤褐色の網目状模様は明瞭であるが、個体差や地域差が大きい。頭部には多数の暗赤褐色斑があり、つながって帯状になったりするが、数の多少には個体差がある。胸鰭基部から尾鰭基底にかけて6本の暗赤褐色横帯があり、透けてよく見える。尾柄中央（第6横帯上）にある黒色斑は明瞭。臀鰭起部から尾鰭基底にかけて5個の黒色斑があり、近似種のムスジイソハゼ（4個）と識別できる。雄の第1背鰭棘はわずかに伸長するが、雌は伸びない。岩礁やサンゴ礁のタイドプールに生息し、日本では和歌山県から琉球列島にかけて分布する。

撮影地—奄美大島　水深—4m　全長—2cm

Column 雄と雌の世界

　魚の世界で「雄と雌」の性差を水中で観察するときに、識別しやすいグループと識別し難いグループがある。外観の違いでは「体形や大きさ」「鰭の大小」「体色や斑紋」などに注目すると識別可能である場合が多い。それでも魚の生活型のなかで主に「群れや群がり」で遊泳移動をしているグループは、これらの外観の違いで雌雄を識別することはまず難しい。一方、同じ場所や生活場所にテリトリー（なわばり）をつくる定着生活型のグループとペアや単独生活するグループは、外観で性差が確認できるものが多い。また一般に繁殖期になると普段はその性差が明瞭でなかったグループも、「婚姻色」という性徴を最大限にアピールする特別な色彩を放つようになるので、この時期は明瞭に識別可能となる。

　ところでハゼのグループではどうであろうか。「種の識別も難しいのに、雌雄の識別なんてとても無理」という答えがよく返ってくるが、ハゼ類の多くは外観で雌雄を識別しやすいグループの1つといえる。一般に雄は体色が雌よりも鮮やかで、模様や斑紋は濃淡が明瞭である。また第1背鰭棘や尾鰭軟条が糸状に伸長するのもハゼ類では雄の特徴の1つである。またペアで生活するハゼ類は、雌より雄のほうが大きい場合が多い。雌雄差の外形が違いすぎるため、それぞれが別種扱いされていたという極端な例もある。研究上では泌尿生殖突起の形態を顕微鏡で観察すれば雌雄は明瞭に識別できるが、まだ「水中顕微鏡」が開発されていない今日、自分の眼を肥やす努力が必要なのである。

Gobiidae

Eviota イソハゼ属

ソメワケイソハゼ
Eviota nigriventris
[英] Blackbelly pygmy goby

外観はオヨギイソハゼとよく似ているが、体側の縦帯数で識別できる。体側に1本の幅広い暗赤紫色縦帯があり、その上の背側面には鰓孔始部から尾柄中央付近にかけて乳白色縦帯がある。頭頂と両眼の上縁に短い白色縦帯がある。下顎先端から腹側にかけては白色。雄の第1背鰭第1～3棘はよく伸長し、第3棘が最長。遊泳性で、サンゴ礁のミドリイシ類の多い環境を好み、サンゴの周辺によく群がる。日本では琉球列島に分布する。

撮影地―奄美大島　水深―6m　全長―2.5cm　No.102

No.103

オヨギイソハゼ
Eviota bifasciata
[英] Twostripe pygmy goby

外観はソメワケイソハゼとよく似ているが、体側に赤紫色縦帯が2本あることで識別できる。体側の赤紫色縦帯は、眼上から背側を通り尾鰭基底上部に達する1本と、吻端から体側中央を通り尾鰭基底下部に達する1本とがある。さらにこの2本の縦帯に挟まれるように乳白色縦帯がある。尾柄後端の下部に小黒色斑がある。各鰭は透明で、雄の第1背鰭第1～4棘はよく伸長し、第2、3棘が最長。遊泳性で、サンゴ礁のミドリイシ類の多い環境を好み、水深10m付近のサンゴの周辺によく群がり、1000尾を超えるほどの大きな群がりをつくることもある。日本では琉球列島に分布する。

撮影地―奄美大島
水深―7m
全長―2.5cm

No.104

撮影地―奄美大島　水深―17m
　　　全長―2.5cm　写真：林

イソハゼ属 **Eviota**

No.105

No.106  **イソハゼ属の1種**
Eviota pellucida
[英] Neon pygmy goby

外観はクロスジイソハゼ (No.090) によく似る。頭部から尾柄部にかけて、体中央を通る幅の広い暗赤紫色縦帯があり、透けてよく見える。この縦帯はクロスジイソハゼのように尾柄部から尾鰭後端までは伸長しない。暗赤紫色縦帯の上方に細い黄金色縦帯があり、体側にも眼上から肛門付近まで伸びるやや太い黄金色縦帯がある。英名の「ネオン」は、体側の輝きのあるやや太い黄金色を指している。雄の第1背鰭第1、2棘はよく伸長し、第2棘が最長。胸鰭基部と吻部周辺は赤味があり、前鼻管も赤色。サンゴ礁の礁原や礁崖の水深3〜12mに生息する。日本ではこれまで小笠原諸島 (Randall etc., 1991) だけから知られていたが、奄美大島にも分布する。

上／雄　撮影地―奄美大島　水深―8m　全長―2.5cm
下／雌　撮影地―奄美大島　水深―3m　全長―2.5cm

Gobiidae

Paragobiodon
ダルマハゼ属

　成魚の全長は2.5〜3cm。サンゴ礁の水深30m以浅に生息する。ミドリイシ属やハナヤサイサンゴ類の枝間に潜むが、礁湖などの浅い場所に生息するサンゴ類にもすむ。利用するサンゴが限定されている種もいる。小さなサンゴにはペアで、大きなサンゴには複数のペアがなわばりをつくって生活する。サンゴ枝の側面に産卵し、主に雄が保育にあたる。ダルマハゼ属には性転換が知られている。頭は丸みがあって大きく、頭部全体に短いヒゲが密生している。眼と口は小さい。体側の鱗が大きいので水中でもよく見える。サンゴが出す粘液や小型の甲殻類、多毛類（ゴカイ類）などを捕食する。インド-西太平洋、紅海などに広く分布する。日本では6種が知られ、小笠原諸島と琉球列島に分布する。

No.107

ダルマハゼ
Paragobiodon echinocephalus
［英］Redhead coral goby

採集地―奄美大島
水深―8m
全長―3.5cm

　体前部は丸みを帯び、特に頭部が大きく、全体に太短く感じる。水中ではサンゴの枝間に体を半分以上隠していることが多いので、大きな頭部だけがよく目立つ。頭部が暗赤褐色で、体側と各鰭は黒色。頭部全体に細かいヒゲが密生し、頭頂付近のヒゲが長く、外観が似ているヨゴレダルマハゼ（頭頂付近のヒゲは短い）と識別できる。和名の「ダルマ」は、頭部に密生するヒゲが「達磨太子の鬚面」に由来する。潮間帯下部から水深15m以浅のハナヤサイサンゴやショウガサンゴの枝間にすむ。日本では琉球列島に分布する。

Gobiidae

ダルマハゼ属 Paragobiodon

クロダルマハゼ
Paragobiodon melanosomus
[英] Dark coral goby

頭部や体、各鰭など全体が黒色。頭頂部付近のヒゲの密生度はやや粗い。成魚の大きな胸鰭は黒色であるが、成長段階によって胸鰭の外縁が透明のものがある。潮間帯下部から水深15m以浅のトゲサンゴ属の枝間に、主にペアですむ。日本では琉球列島に分布する。

採集地—奄美大島　水深—3m　全長—3.5cm

No.108

ヨゴレダルマハゼ
Paragobiodon modestus
[英] Warthead coral goby

体色は、頭部が暗赤褐色で、体側と各鰭は黒色だが、第1背鰭基底の後部付近まで暗赤褐色のものもいる。頭部全体に細かいヒゲが密生し、外観の類似するダルマハゼとは頭頂部のヒゲが短いことで識別できる。潮間帯下部から水深10m以浅のハナヤサイサンゴ属の枝間にすむ。日本では小笠原諸島・父島と琉球列島に分布する。

採集地—奄美諸島・加計呂間島　水深—7m　全長—3.5cm

No.109

アカネダルマハゼ
Paragobiodon xanthosomus
[英] Emerald coral goby

頭部や体側は黄色で、各鰭は黄褐色。西インド洋や中部太平洋などに分布する本種には緑褐色や黄緑色の体色も見られる。頭頂部のヒゲの密生度はやや粗い。下顎は上向きで、他のダルマハゼ類と比較すると傾斜は鋭い。潮間帯下部から水深10m以浅のトゲサンゴ属の枝間に、主にペアですむ。日本では琉球列島に分布する。

採集地—奄美大島　水深—8m　全長—3.5cm

No.110

| *Paragobiodon* ダルマハゼ属 |

No.111

パンダダルマハゼ
Paragobiodon lacunicolus
[英] Blackfin coral goby

頭部は丸みを帯び、同属の他種と比較すると体全体がわずかに側扁する。頭部が淡赤褐色で、体側は乳白色。腹鰭（淡褐色）を除いて他の鰭はすべて黒色。吻部や鰓蓋部に小突起があり、ダルマハゼのように細かいヒゲは頭部全体に密生しない。和名の「パンダ」は、体色と鰭色の対照的なコントラストが中国の珍獣「ジャイアントパンダ」の体色模様に似ていることにちなむ。口は比較的小さい。潮間帯下部から水深20m以浅のハナヤサイサンゴの枝間だけにすむ。日本では高知県・柏島や小笠原諸島、琉球列島に分布する。

撮影地―高知県・柏島　水深―9m　全長―2.5cm

Gobiidae

No.112
幼魚
撮影地―沖縄諸島・伊江島
水深―9m　全長2.5cm

カサイダルマハゼ
Paragobiodon sp.

頭部は淡赤褐色、体側は乳白色で背鰭や臀鰭、尾鰭だけが黒色。外観はパンダダルマハゼと類似するが、胸鰭と腹鰭が透明であることで識別できる。また吻部と鰓蓋部にある突起は、パンダダルマハゼよりも大きく明瞭であることも特徴。このほか縦列鱗数や横列鱗数などもパンダダルマハゼとは差があり、分類学的には別種とされている。幼魚期では背鰭や臀鰭、尾鰭の基底部の淡色域が広い。潮間帯下部から水深20m以浅のハナヤサイサンゴ属のいくつかの種の枝間にすむ。日本では伊江島や西表島だけから分布が知られている。

No.113

撮影地―八重山諸島・西表島
水深―15m　全長―3.5cm　写真：笠井

Gobiidae

Gobiodon
コバンハゼ属

　成魚の全長は3.5〜4.5cm。サンゴ礁の水深15m以浅に生息する。主にミドリイシ属の枝間にすみ、礁湖など浅い場所でも見られる。小さなサンゴ塊にはペアや家族単位で生活し、複数のペアがすむ大きなサンゴ塊ではなわばりができる。サンゴ枝に産卵する。刺激をすると、体表から粘液を出し、この粘液には毒性が知られている。サンゴが生産する粘液と小型の甲殻類を捕食するが、ときおりサンゴ枝から離れ、ホバーリングしながらプランクトンを捕食することもある。頭部や体が著しく側扁しているのが特徴。体には鱗がない。鰓孔と吸盤状の腹鰭は小さい。インド-太平洋、紅海などに広く分布する。日本では12種が知られ、本州沿岸の一部（和歌山県）、小笠原諸島と琉球列島に分布する。

No.114

撮影地―小笠原諸島・父島　水深―7m　全長―4cm
写真：森田

｜コバンハゼ
Gobiodon sp.

　体高は高い。鰓孔は狭く、腹鰭は小さい。下顎部と鰓蓋部だけが淡色で、水中では全体に暗緑褐色に見える。頭部に4本の細い垂線と背鰭と臀鰭の基底部に細い縦帯があり、色はいずれも水色。鰓孔の上方に小さな黒点がある。第1背鰭が三角形であるのは本種の大きな特徴。日本では本種の学名にこれまで*Gobiodon citrinus*（英名 Lemon coral goby）が使用されていたが、海外の標本との分類学的な比較が必要とされている。和名の「コバン」は、体形が「小判形」であることにちなむ。潮間帯下部から水深20m以浅のミドリイシ属の枝間にすむ。日本では和歌山県、琉球列島に分布する。

コバンハゼ属 *Gobiodon*

幼魚　撮影地―八重山諸島・西表島　水深―6m　全長―2cm　No.115

イチモンジコバンハゼ
Gobiodon albofasciatus
［英］White-lined coral goby

成魚と幼魚で体色が著しく異なり、幼魚は白色で、体側には2本の黒色縦帯があり、頭部と眼の周囲、尾鰭には多くの小黒点がある。成魚は体も各鰭も全体に黒褐色で、頭部の小黒点だけが少数残る。第1背鰭の外縁は角張り四角形に見え、第1棘は第2棘より長いのが特徴。成魚の吻端は下顎先端より前に出る。潮間帯下部から水深20m以浅のショウガサンゴ属やハナヤサイサンゴ属、シコロサンゴ属などの枝間にすむ。日本では慶良間諸島、八重山諸島に分布する。

No.116

ムジコバンハゼ
Gobiodon unicolor

水中では全体に暗茶褐色に見えるが、下顎部と鰓蓋部だけがわずかに淡色。頭部や体側、各鰭などに特徴ある模様はない。和名の「ムジ」は、模様や線などが何もない「無地」を指す。第1背鰭の外縁は丸みがあり、第1棘は第2棘よりわずかに短い。潮間帯下部から水深15m以浅のミドリイシ属などテーブル状サンゴの枝間にすむ。日本では琉球列島に分布する。

採集地―奄美大島　水深―3m　全長―4.5cm

Gobiidae

撮影地―八重山諸島・西表島　水深―6m　全長―3cm　No.117

キイロサンゴハゼ
Gobiodon okinawae
［英］Yellow coral goby

No.118

体は一様に橙黄色で、下顎部と鰓蓋部だけがわずかに淡色。頭部や体側、各鰭などに特徴ある模様はない。第1背鰭の外縁は丸みがあり、第1棘は第2棘よりわずかに短い。尾鰭はほぼ截形（せっけい）。ミドリイシ属の枝間にすみ、1つのサンゴ塊に数十尾の単位ですむこともある。サンゴ礁の潮間帯下部の水深10m以浅や礁池に生息し、日本では和歌山県、小笠原諸島・父島、琉球列島に分布する。

幼魚
撮影地―八重山諸島・西表島　水深―5m　全長―1cm

Gobiidae

コバンハゼ属 Gobiodon

No.119

採集地―奄美大島　水深―5m　全長―4.5cm

アカテンコバンハゼ
Gobiodon sp.

地色と各鰭は鮮やかな緑色で、背鰭や臀鰭、尾鰭の外縁がわずかに黒い。体側に朱色斑が散在しているが、その形や形状には個体差がある。尾鰭の後縁は丸い。本種には学名 *Gobiodon rivulatus* が与えられていたこともあるが、海外の標本との分類学的検討が必要とされている。日本には近似種のシュオビコバンハゼ *G. erythrospilus* やベニサシコバンハゼ *G. histrio* が分布しているが、頭部や体側にある朱色斑の形状に注意して見るとよい。潮間帯下部から水深15m以浅のミドリイシ科のテーブル状サンゴの枝間にすみ、8月頃にはペアでサンゴを占有する。日本では琉球列島に分布する。

Gobiidae

| *Gobiodon* コバンハゼ属

採集地—奄美大島　水深—6m　全長—4cm

No.120

クマドリコバンハゼ
Gobiodon oculolineatus

水中では全体に暗褐色に見えるものと、褐色のものとがあるが、下顎部と鰓蓋部だけがわずかに淡色。どちらの体色型であっても、水中では眼を通る青白色の2本の垂線があり、この垂線が下顎下方に届かないのが特徴。本種に類似するフタスジコバンハゼ*Gobiodon* sp.は、この垂線が下顎下方に届き、背鰭と臀鰭基底に細い青白色縦帯がある（クマドリコバンハゼにはない）ことで識別できる。潮間帯下部から水深15m以浅のミドリイシ科のテーブル状サンゴの枝間にすむ。日本では奄美諸島と慶良間諸島に分布する。

No.121

タスジコバンハゼ
Gobiodon sp.

体色の特徴はクマドリコバンハゼとよく似ている。水中では頭部や体側に青白色の細い横帯が多数見られ、背鰭と臀鰭基底部には同色の縦帯がある。体側の横帯の数は個体差が大きく、幼魚ではこの横帯を欠くものや著しく少ないのが普通である。学名に*Gobiodon multilineatus*が使用されていたが、海外の標本との分類学的な比較が必要とされている。潮間帯下部から水深15m以浅のミドリイシ科のテーブル状サンゴの枝間にすむ。日本では小笠原諸島・兄島と琉球列島に分布する。

撮影地—小笠原諸島・兄島　水深—12m　全長—3cm
写真：森田

Gobiidae

採集地―奄美大島　水深―3m
　　　　　　　　全長―4cm

採集地―奄美大島
水深―7m　全長―4cm

No.123

No.122

フタイロサンゴハゼ
Gobiodon quinquestrigatus
［英］Five-lined coral goby

胸鰭基部より前方の頭部が淡赤褐色で体側や各鰭が黒褐色のものと、全体が一様に赤褐色（No.123）または褐色、灰褐色のもの（No.122）とがある。いずれの体色型であっても、水中で見ると頭部や胸部に5本の細い水色の横帯があるのが特徴。コバンハゼ属のなかでは最も普通に見られる種である。和名の「フタイロ」は、体の前部と後部とで色違いになっていることによる。潮間帯下部から水深20m以浅のミドリイシ科のテーブル状サンゴの枝間にすむ。日本では和歌山県、琉球列島に分布する。

No.124

コバンハゼ属の1種
Gobiodon citrinus
［英］Yellow (Lemon) coral goby

下顎部と鰓蓋部がわずかに淡黄色で、各鰭や体側は一様に鮮黄色。水中では眼下と鰓蓋部にある各2本の細い水色の垂線がよく目立ち、背鰭と臀鰭の各基底部に同色の細い縦帯があるのが特徴。鰓孔の上方に小黒点があり、第1背鰭が三角形であることも、日本のコバンハゼ（No.114）とよく似ている。潮間帯下部から水深20m以浅のミドリイシ属の枝間にすむ。紅海、インド洋、オーストラリア東岸・中部太平洋に分布する。

撮影地―シナイ半島・紅海　水深―13m　全長―4.5cm

Gobiidae

Lubricogobius
ミジンベニハゼ属

成魚の全長は3〜3.5cm。水深10〜40mの砂泥・砂礫底に生息する。海底にある巻貝や大型の二枚貝の空殻、空缶や空瓶などの内側をすみかとして利用し、すみかの壁面に産卵する。1つのすみかは1ペアが利用する。主にプランクトン食で、潮が動き始めるとすみかから頻繁に出て捕食する。体はわずかに側扁し、口は大きく斜位。吸盤状の腹鰭は大きい。体に鱗がなく頭部感覚管は開孔しないなどの特徴がある。これまで2種が、日本、ベトナム、アラフラ海、ニューカレドニアに分布することが知られていたが、近年新種記載されたナカモトイロワケハゼを含め、3種が知られる。

No.125

撮影地―千葉県・館山湾　水深―28m　全長―3cm
写真：林

ミジンベニハゼ
Lubricogobius exiguus

体前部が丸みを帯びた小型のハゼで、全体に太短く感じる。体は鰭を含めて一様に橙黄色。眼はやや上位で、瞳は緑色で美しい。水中ではサザエなど巻貝の空殻や空缶、空瓶などの空洞をすみかにして、ペアですむ。空洞からはよく抜け出すので、全身を確認することができる。潮が動き始めると流れてくるプランクトンを捕食するため、すみかから離れてホバーリングする。産卵は空洞部の壁面を利用し、ペアで産卵床を保護する。本種の生態写真は、日本では主に水深18〜36mで撮られているが、文献によれば水深75mからも採集されている。東京湾から駿河湾、兵庫県、愛媛県、壱岐水道から天草灘に分布し、海外では台湾とニューカレドニアで知られている（Randall and Senou, 2001）。

Gobiidae

ナカモトイロワケハゼ
Lubricogobius dinah

No.126
抱卵中のペア
撮影地—八重山諸島・石垣島　水深—12m　全長—1.5cm
写真：中本

　体形はミジンベニハゼと同様の小型のハゼ。体は鰭や腹側が橙黄色で、眼前部から背側面を通り尾柄後端までは白色。和名の「イロワケ」は、体色が黄色と白色の染め分け状であることにちなむ。特徴ある体色と鼻孔が欠如していることで、ミジンベニハゼと識別できる。眼はやや上位で、瞳は緑色。水中では巻貝の空殻や空瓶などの空洞のほかに、ホヤ類の通水孔をすみかにしている例もある。生態はミジンベニハゼと類似し、プランクトンの捕食時にはすみかから離れてホバーリングする。これまでの生息深度は10〜36m。日本では石垣島に分布し、海外ではパプアニューギニアから知られる (Randall and Senou, 2001)。

No.127
撮影地—八重山諸島・石垣島
水深—36m　全長—2cm
写真：中本

Gobiidae

Column この人、このハゼ

　研究者により新種の魚が発表される際に、新しい学名が記載され、日本に分布する種であれば新しく和名（標準和名）も提唱される。新属である場合は属の学名も新しく与えなければならないが、既存の属に当てはまる種類であれば、種名だけが新しく与えられる。ラテン語で記載される種名の語意は、その多くが特徴的な体各部の形状や数、色彩や斑紋などに起因している。また模式標本が採集された場所（模式産地名）が種名や和名に与えられることもあるが、いづれ模式産地以外の場所からも記録されることを考えて、最近ではあまり用いられていない。論文の発表者が必ずしも模式標本の採集者であるとは限らず、研究発表にあたっては貴重な標本の採集・提供者に敬意をはらい、種名にその協力者の名を献名する場合がある。また学名とは別に、和名に対しても同じように協力者の名を献名することもある。このような献名に関する種名と和名の最近の例を挙げてみよう。

　ミジンベニハゼ属のナカモトイロワケハゼ*Lubricogobius dinah*が好例といえよう。属名の*Lubricogobius*は英語に置き換えるとlubricous gobyで、直訳では「滑らかなハゼ」となり、本属のハゼ類は鱗がなく体表がスベスベしていることにちなむ。また種名の*dinah*は、本種の生態写真をパプアニューギニアの海で初めて撮影したDinah Halstead女史の功績に対して献名されたものである。一方和名のナカモトイロワケハゼ（イロワケハゼの説明は本種の解説文p.69を参照）は、日本初記録となる本種の完模式標本を八重山諸島の石垣島で採集した中本純市氏（石垣島ダイビングスクール）の功績に対して献名されたものである。ヤノダテハゼ*Amblyeleotris yanoi*は矢野維幾氏（ダイブサービスYANO）に対して、カサイダルマハゼ*Paragobiodon* sp.は笠井雅夫氏（ミスターサカナ ダイビングサービス）に対してそれぞれ献名された例である。近年では多くのダイバーが水中写真を撮るようになり、写真による種名の同定を研究者に依頼し、両者の間に新しい情報交換の機会が多く生まれている。分類学的な検討が十分でないうちに、「俗名」や「仮称」が先行して一人歩きすることは好ましくない。研究者と気軽な情報交換をして、意義のある和名を発表できるような体勢を整えたいものである。

No.128

ナカモトイロワケハゼ
写真：中本

No.129

ヤノダテハゼ
写真：矢野

No.130

カサイダルマハゼ
写真：笠井

Oxyurichthys
サルハゼ属

　比較的大型のハゼで、成魚の体長は4〜10cmであるが、尖形で長い尾鰭をもつので種によっては全長が13cmを超える。河口付近の浅海からマングローブが繁る内湾の水深15m付近の砂泥底に生息する。日中は泥底に掘った巣穴の入口に頭を乗り出していることが多い。動作は比較的緩慢。巣穴に隠れているので体側や背鰭の色や模様がわかりにくく、水中での識別が難しい。第1背鰭起部から低い皮質隆起が眼の後方付近まであることや、口裂が深いなどの特徴がある。種によっては眼上にマツゲのような皮質突起をもつものがいる。インド-西太平洋に分布し、日本では9種が知られ、神奈川県以南から琉球列島にかけて分布し、種数は琉球列島に多い。

No.131

マツゲハゼ
Oxyurichthys ophthalmonema

　体は側扁し細長い。各鰭は大きく、特に尖形の尾鰭は後方へ伸長する。泥底に掘った巣穴に潜んでいることが多いので、大きく長い各鰭は見にくい。しかし頭部を巣穴から出しているので、第1背鰭前方にある低い皮質隆起や眼上にある淡赤色の皮質突起はよく見える。和名の「マツゲ」は、この眼上皮質突起にちなむ。口唇は厚く、眼下に暗色で幅広の斜走帯がある。マングローブが生育する汽水域の水深10m以浅の泥底にすむ。日本では八重山諸島に分布する。

採集地：八重山諸島・西表島　水深—2m　全長—10cm　写真：林

No.132

採集地：八重山諸島・西表島　水深—2m　全長—10cm　写真：林

Gobiidae

Oxyurichthys マツゲハゼ属

雄　撮影地—サイパン島　水深—3m　全長—5cm　写真：木村(裕)　　No.133

ヒメサルハゼ
Oxyurichthys sp.
[英] Frogface goby

体は側扁し、体形は細長い。各鰭は大きく、尾鰭は後方に尖ってよく伸びる。第1背鰭後方の棘が長く、鰭膜には黒斑がある。胸鰭基部に大きな黒色楕円斑をもつのが特徴。第1背鰭前方に低い皮質隆起があるが、マツゲハゼのような眼上皮質突起はない。「サルハゼ」という和名は、顔相が「サル（孫悟空）」に似ていることに由来する。砂泥底に巣穴を掘り、その周辺を移動するが、あまり遠く離れることはしない。汽水域や内湾の水深25m以浅の砂泥底にすむ。日本では西表島に分布する。

No.134

雌
撮影地—サイパン島
水深—3m　全長—10cm

Cristatogobius
トサカハゼ属 🌱🌊

　小型のハゼで、成魚の全長は3〜4cm。主に河口付近の潮間帯域からマングローブが繁茂する水深3m付近の、岸寄りの砂泥底に生息する。泥底に掘った巣穴に潜み、透明度の悪い水中では見つけにくい。動作は比較的緩慢。トサカハゼ属の特徴といえる項部の高く明瞭な皮質隆起は、鶏冠を想像させる。巣穴から頭部だけ出して隠れているので鰭の模様や色がわかりにくく、水中での種の識別は難しい。インド-西太平洋に分布し、日本では3種がすべて八重山諸島の石垣島と西表島に分布する。

No.135

採集地—八重山諸島・西表島　水深—1m　全長—3.5cm
写真：林

No.136

▎トサカハゼ
Cristatogobius lophius
[英] Crested goby

　頭や体はやや側扁する。最大の特徴は和名にもあるように、眼上から第1背鰭起部にかけてトサカ（鶏冠）状の皮質隆起をもち、この皮質隆起には数本の赤い横帯がある。頭部と胸鰭上方に、小さな輝青点が散在する。体側に数本の淡褐色横帯があり、背鰭の外縁は赤色、臀鰭外縁は黒色などの特徴をもつ。頭部、体側、胸鰭基部などに小黒点があることで、近似種のヒメトサカハゼ*Cristatogobius aurimaculatus*と識別できる。巣穴に潜んでいることが多く、なかなか見つけにくい。汽水域や内湾の水深15m以浅の泥底にすむ。日本では八重山諸島に分布する。

採集地—八重山諸島・西表島　水深—1m　全長—3.5cm　写真：林

Gobiidae

Hazeus ユカタハゼ属

　成魚の全長は6cm前後。砂礫底のある水深20〜50mに生息する。砂礫底に巣穴を掘る。日中は比較的活発に巣穴から離れて捕食活動をする。幼魚は群がりをつくって活動し、特に幼魚期の体側模様はサビハゼの幼魚と似ているので識別が難しい。日本では1種が知られ、東京湾、相模湾、駿河湾から対馬にかけて分布する。

No.137

撮影地—西伊豆・土肥　水深—20m　全長—4cm　写真：細田

ユカタハゼ
Hazeus otakii
［英］Cloudy goby

　水中では橙色の瞳が目立つ。体側には、胸鰭基部から尾鰭基底にかけて点列状の5個の黒色斑が並ぶ。体側全体には散りばめたように輝橙色の小点がある。雄では輝橙色の小点と臀鰭外縁の淡青色部が雌より鮮やか。砂泥底に比較的大きな巣穴を掘り、出入口付近に全身を乗り出していることが多い。内湾の水深20〜40mの砂泥底に生息する。

No.138

撮影地—静岡県・三保　水深—22m　全長—4.5cm

Oplopomops
トンガリハゼ属

　成魚の全長は5〜6cm。砂礫や細かいサンゴ砂のある潮間帯から水深15m付近に生息する。砂に埋まる礫やサンゴ塊の下に隠れている。危険を感じると素早い動作で砂や礫の下に潜る。体色を周囲の環境と同調させることができるので、なかなか見つけにくい。インド-西太平洋、南太平洋に分布する。日本では現在、琉球列島に分布するトンガリハゼ1種が知られているだけだが、未記載種を含めて分類学的検討が必要とされる。

No.139

採集地―八重山諸島・石垣島　水深―6m　全長―4cm　写真：林

トンガリハゼ属の1種
Oplopomops sp.

　体は細長く、体側中央の断面は三角形に近い。尾柄部は細い。尾鰭は截形。頭頂から吻端にかけての傾斜がやや鋭角なので、顔が細く尖って見える。和名の「トンガリ」はこの頭部の形状にちなむ。体側の胸鰭基部から尾鰭基底にかけて5個の黒色点列斑が並び、尾柄後端に小黒点をもつのが特徴。体には淡赤褐色の不鮮明な小点が多数ある。第1背鰭の第2、3棘が長く伸びることで、近似種のトンガリハゼ *Oplopomops diacanthus* と識別できる。サンゴ礁内湾の水深6〜15mの砂底に生息し、日本では八重山諸島に分布する。

Oplopomus
ケショウハゼ属

成魚の全長が雄では7〜9cm、雌は少し小さく5〜6cm。汽水域の潮間帯下部から内湾の水深15mの砂泥底に生息し、アマモ類が繁茂する砂底にも見られる。中央に巣穴のある直径30〜40cmほどの「すり鉢」状の生息巣をつくり、ペアですむ。生息巣から離れてよく動き回るが、危険が迫ると他の生息巣にも逃げ込む。ケショウハゼ属は雌雄で体色や背鰭模様が異なり、婚姻色はその差が一層明瞭になる。インド-西太平洋、南太平洋に分布し、日本では2種が知られ、主に琉球列島に分布する。

No.140
ケショウハゼ
Oplopomus oplopomus
[英] Spinecheek goby

各鰭は大きく、雄の尾鰭はやや尖形、雌は円形。雄の第1背鰭は後方の棘が伸長し、鰭膜に黒色部がある。体側の上部と中央部に黒色点列斑がある。鰓蓋や頬部にある不規則な輝青色斑、体側に散在する水色や橙色の小点、各鰭の色など彩り鮮やかなのが特徴。雄の婚姻色は雌よりさらに派手さが増す。内湾やサンゴ礁の泥底にすり鉢状の生息巣をつくり、ペアで生活している。水深3〜20mの泥底にすむ。日本では琉球列島に分布する。

雌 撮影地—奄美大島　水深—10m　全長—6cm

雄 撮影地—サイパン島　水深—3m　全長—6cm　　*No.141*

Gobiidae

ケショウハゼ属 *Oplopomus*

雄（婚姻色）　撮影地―インドネシア・バリ島　水深―6m　全長―7cm　　　　　　　　　　　　　No.142

雌（婚姻色）　撮影地―サイパン島　水深―3m　全長―8cm　写真：木村（裕）　　　　　　　　　No.143

Gobiidae

77

Chaenogobius アゴハゼ属

　成魚の全長は8〜15cmと大型になる。春先のタイドプールでは全長が2cm位の幼魚をよく見かける。岩礁の潮間帯下部から内湾岸寄りの水深5mまでの、主に転石底に生息する。日中は物陰に潜んでいるが、夜間は活発に捕食活動をする。巣穴はつくらず、水温の低い初春に転石下の天井面に産卵し、雄が保育にあたる。口裂は深く、上顎後端は眼よりも後方にあり、爬虫類を思わせる顔つきが特徴。胸鰭の上方軟条は遊離して糸状。体側の鱗は非常に細かい（縦列鱗数は70〜80枚）。朝鮮半島と中国、日本に分布するだけで、日本では2種が北海道から九州にかけて分布する。

No.144

採集地―神奈川県・三浦半島　水深―0.5m　全長―6cm　写真：林

アゴハゼ
Chaenogobius annularis
［英］Floating goby

体は紡錘形で、頭部がよく縦扁する。尾柄高は高い。上唇が厚く、下顎よりわずかに突出する。眼は小さく、両眼間隔は広い。背鰭や臀鰭の高さが低く、転石の下に潜んで生活する習性に適応している。地色は黒で、体側に不規則な白色斑が多数ある。尾鰭後縁に淡色の縁取りがないことで、近似種のドロメと識別できる。タイドプールに両種が共存する場合はアゴハゼの個体数の方がドロメよりも多い傾向がある。沿岸のタイドプールや潮間帯下部、水深5m以浅の転石の多い環境にすむ。日本では北海道から種子島まで広く分布する。

撮影地―西伊豆・大瀬崎　水深―1m　全長―7cm　写真：御宿　No.145

ドロメ
Chaenogobius gulosus
[英] Gluttonous goby

外観の特徴はアゴハゼに似る。転石の下に隠れて生活する習性はアゴハゼと同様。地色は灰褐色で、体側に多くある不規則な白色斑は小さな点列状。尾鰭後縁に白い縁取りがあることで、近似種のアゴハゼと識別できる。幼魚はアゴハゼよりドロメの方が早く出現する。沿岸域のタイドプールや潮間帯下部、水深5m以浅の転石が多い環境にすむ。日本では北海道から九州にかけて分布する。

No.146

幼魚
撮影地―西伊豆・大瀬崎
水深―2m　全長―2.5cm

Gobiidae

Gymnogobius
ウキゴリ属

　河口汽水域や沿岸域にかけて生活するウキゴリ属の成魚の全長は6〜7cm。河口付近の泥底や砂浜干潟にすむビリンゴやエドハゼ、水深10〜30mのアマモ場にすむニクハゼなど、沿岸域のウキゴリ属の生活環境は多様である。干潟や浅海域で生活する種は砂泥底に巣穴を掘る。ビリンゴやニクハゼは繁殖期になると、雌に著しい婚姻色が現れる。口裂が深く、上顎後端が眼よりも後方に位置する特徴は、アゴハゼ属と似る。沿海州、朝鮮半島、中国に分布し、日本だけに分布する種もある。日本では汽水や沿岸域に生活する13種が知られ、北海道から九州にかけて広く分布する。

No.147
ビリンゴ
Gymnogobius breunigii

体は紡錘形。胴部が丸く、尾柄部は極端に細い。背側は淡褐色で、特色のある模様はない。腹側は白い。婚姻色は雌に顕著に現れ、尾鰭と胸鰭以外の鰭は黒くなり、体側に黄色横帯も現れる。干潟のある湾奥の静かな汽水域を好み、泥底に巣穴を掘る。水深3m以浅に群がって生息する。日本では北海道から屋久島にかけて分布する。

撮影地─東京湾・お台場　水深─2m　全長─7cm
写真：林

Glossogobius
ウロハゼ属

　成魚の全長は8cm程度から30cmに達するものもいる。河口やマングローブの繁る内湾の水深5〜10mの砂礫底を好む。種によっては河川の中流や上流にも生息する。岩や沈木などの陰に潜む。頭と口が大きく、下顎が上顎より突出しているのが特徴。膨らみのある鰓蓋の上に並ぶ縦列孔器はよく見える。小魚や甲殻類などを捕食し、魚食性が強い。生息環境によく似た体色をしている。インド-太平洋に分布する。日本では7種が知られ、茨城県から琉球列島にかけて分布し、八重山諸島に種数が多い。

No.148
ウロハゼ
Glossogobius olivaceus

体は紡錘形で、頭が大きい。地色は暗灰色で、体側にある大きな5個の黒色点列斑が目立つ。眼から下顎に達する黒色斜帯がある。頭頂は広く、小黒点があり、同じ水域にすむハゼ類との識別点となる。河口域や汽水湖、河口に近い港や湾奥にすむ。砂底を好み、岩や沈木の陰に潜む。瀬戸内海ではハゼ壺で捕獲する伝統漁がある。水深3〜15mにすむ。日本では新潟県以南、茨城県から九州にかけて分布する。

撮影地─静岡県・三保　水深─2m　全長─18cm

Kelloggella
ハダカハゼ属

　小型のハゼで、成魚の全長は2.5〜3cm。礁原部のタイドプールやビーチロックの発達した潮間帯下部に生息する。アミジグサやオバクサ、石灰藻などの海藻類が繁茂する場所に潜み、水中ではなかなか見つけにくい。海藻や小さな甲殻類を捕食する。頭や体が側扁しイソギンポ類に似ているが、背鰭が2基（イソギンポ類は1基）あることで識別できる。ハダカハゼ属はその名が示す通り、体は無鱗。西部太平洋や中部太平洋に分布し、日本では2種が琉球列島に分布する。

No.149

撮影地—サイパン島　水深—0.1m　全長—2cm

アカヒレハダカハゼ
Kelloggella cardinalis
［英］Central goby

　体高と尾柄高にはあまり差がない。背鰭は2基。吻は丸く、口が小さい。背鰭基底長は臀鰭基底長より長い。水中で見る雄の体色は全体に暗緑褐色で、各鰭は赤橙色で美しい。雌は体と鰭の色が雄よりも淡い。和名の「ハダカ」は、体に鱗がないことにちなむ。サンゴ礁のタイドプールや潮間帯下部、水深5m以浅の岩礁性海岸を好み、海藻などの間に潜む。日本では琉球列島に分布する。

No.150

撮影地—サイパン島　水深—0.05m　全長—2cm

Gobiidae

Yongeichthys
ツムギハゼ属

大型になるハゼで、成魚の全長は13cm。河口付近の潮間帯域からマングローブが繁る岸寄りの水深5m付近の砂泥底に生息する。マングローブの支柱根の間や沈木などがある泥底に巣穴をつくる。日中は活動が活発で、干潮時の水溜まりでも見られる。比較的濁った泥底にすむので、透明度が悪いと水中では見つけにくい。動作は緩慢なので簡単に近づける。体は太短く、頭と眼が大きい。有毒魚として知られ、皮膚や筋肉に強い毒をもつ。毒性には地域差がある。体側にある独特の波状紋はよく目立つ。インド-西太平洋と南太平洋に分布し、日本では1種が知られ、琉球列島に分布する。

No.151

撮影地―奄美大島　水深―9m　全長―10cm

ツムギハゼ
Yongeichthys criniger
[英] Shadow goby

No.152

大きな頭や体は太短く、わずかに側扁する。眼は上方で接近し、突き出しぎみで大きい。淡褐色の第1背鰭は第2、3棘の先端が糸状に伸び、第2背鰭や尾鰭には暗褐色斑がある。体側には眼径大の黒褐色斑が2〜3個あり、尾鰭基底にも1個ある。河口汽水域やその付近の海岸、河口から続く内湾底などに生息し、特にマングローブ水域で多く見られる。水深15m以浅の泥底に巣穴をつくってすむ。日本では琉球列島に分布する。

若魚
採集地―八重山諸島・西表島　水深―1m　全長―4cm
写真：林

Gobiidae

撮影地―インドネシア・バリ島　水深―6m　全長―11cm　No.153

ツムギハゼ属の1種
Yongeichthys nebulosus
[英] Nebulosus goby

淡褐色の第1背鰭は第2～4棘の先端が糸状に伸び、第2背鰭と尾鰭上葉部に暗褐色の点列斑がある。体側に大型の褐色斑が2個あり、尾鰭基底の前方にも1個ある。これらの特徴はツムギハゼとよく似ているが、眼径長や頭部の無鱗領域に差が認められ、現状では別種とされている。今後の分類学的検討が必要とされる。大型のものは全長18cmに達する。河口汽水域や河口から続く水深3～15mの内湾底に生息する。紅海、インド-太平洋に広く分布する。

No.154

撮影地―インドネシア・バリ島
水深―3m　全長―12cm
写真：吉野

Gobiidae

83

Sagamia
サビハゼ属

　成魚の全長は15cm。砂礫底のある水深2〜30mに生息し、各成長期のものが周年を通して見られる。全長2cm前後の幼魚期には、海底から離れて群がって泳ぐ。成魚は砂礫底を好み、アマモ場の周辺にもよく群がる。夜間は砂中に浅く潜っていることが多い。砂に埋まった石の下を掘り、その天井面に産卵する。潜水中に砂底を巻き上げると、活発な捕食行動が見られる。頭部下面に白いヒゲが多数あることや、胸鰭の上部に遊離軟条をもつことが特徴。サビハゼ1種だけが知られ、日本では青森県から九州にかけて分布する。朝鮮半島周辺にも分布する。

No.155

卵を保護する雄　撮影地―西伊豆・大瀬崎　水深―5m　全長―7cm　写真：赤堀

サビハゼ
Sagamia geneionema

No.156

　体は紡錘形で、頭部はわずかに縦扁する。上顎は下顎よりわずかに突出する。大きな両眼は接近する。下顎から咽頭部にかけて白く短いヒゲがたくさんあることで、同じ水域にすむ他種と識別できる。幼魚は群がって遊泳し、全長4cm程度に成長すると底生生活に入る。夜間は岩棚の奥や砂中に浅く潜る。和名の「サビ」は、体にある多数の赤褐色斑点の散在状態が「鉄サビ(錆)」の色や出方に似ていることにちなむ。沿岸域の潮間帯下部やアマモ場周辺、内湾の水深15m付近の砂底に生息する。

サビハゼの産卵床　撮影地―西伊豆・大瀬崎　水深―9m

Amblychaeturichthys
アカハゼ属

　成魚の全長は7〜13cm。内湾的要素の強い水深25〜60mの砂泥底に生息する。軟泥底を好み、泥中に巣穴を掘る。生息深度が一般のハゼ類と比べて深く、低水温域を好む。秋から冬期には浅い水域でも見ることができる。アカハゼ属の特徴は、下顎の下面に3対のヒゲをもつこと。頭は大きく、大きな目は上部にあって両眼間隔は狭い。体前部は丸みがあり、尾柄部は急に細くなる。鱗は大きく、剥がれやすい。体側の中央には不明瞭な暗色の点列斑がある。第1背鰭の斑紋の有無で種の識別が可能。朝鮮半島、中国に分布し、日本では2種が知られ、北海道から九州にかけて分布する。

No.157

撮影地—静岡県・三保　水深—21m　全長—5cm

コモチジャコ
Amblychaeturichthys sciistius

上顎と下顎はほぼ同長。下顎下面に3対のヒゲがあり、背鰭基底の中央付近に白い縁取りのある眼径大の黒斑があることが特徴。第1背鰭基底中央から腹側に向かって幅の広い褐色の斜帯がある。砂泥底に比較的深い巣穴を掘り、入口付近で身を乗り出していることが多い。今後の観察が必要であるが、オニテッポウエビと共生している可能性が大きい。内湾の水深20〜60mの泥底を好む。日本では北海道から九州にかけて分布する。

Acanthogobius
マハゼ属

　成魚の全長は、8.5cm（アシシロハゼ）～25cm（マハゼ）～43cm（ハゼクチ）のように中型から大型の種まで多様。強内湾性で、冬期以外は砂泥底のある潮間帯下部から15m以浅に多く生息する。マハゼは冬期、水深30～50mに移動して泥中の巣穴に潜み、産卵する。全長5cm前後の若魚は河口汽水域に多く、大型河川では中流域まで進入する。各成長期のものが周年見られる。アシシロハゼ類は干潟域の砂泥底に多く、夜間は砂中に浅く潜む。マハゼ属のハゼ類はゴカイなどを好んで捕食する。成熟すると頭部の形で雌雄の区別が可能。背鰭の形や斑点の有無、尾鰭の斑紋などで種の識別ができる。オホーツク海、朝鮮半島、中国、台湾に分布し、日本では4種が知られ、北海道から琉球列島にかけて分布する。

No.158

撮影地―静岡県・三保　水深―1m　全長―23cm

マハゼ
Acanthogobius flavimanus
［英］Common brackish goby

No.159

体は円筒形で、頭が大きく、吻部の傾斜は緩やか。成熟雄の頭部を背面から見るとほぼ四角形で、雌や幼魚は丸みがあり吻部が尖るので識別が容易。上顎は下顎よりわずかに突出し、上唇が厚い。頬と鰓蓋に小さな鱗があるのはマハゼの特徴で、近縁のアシシロハゼにはないので識別できる。眼から上顎前方に向かう暗色の斜帯がある。腹鰭と尾鰭を除く各鰭は透明。吸盤状の腹鰭は乳白色。長円型の尾鰭は上方3分の2には細かい点列があるのも特徴の1つ。幼魚の体側には不規則な縦列状の暗色斑が明瞭。泥底質の汽水域や内湾を好み、春から夏季にかけては水深の浅い場所で生活するが、秋から冬季は深場に移動する。日本では北海道から種子島にかけて分布する。

若魚　採集地―千葉県・館山湾　水深―3m　全長―5cm　写真：林

マハゼ属 *Acanthogobius*

アシシロハゼ
Acanthogobius lactipes

第1背鰭棘は糸状に伸びる。成熟雄の頭は四角形で、雌や幼魚の頭部は丸みがある。上顎がわずかに突出し、上唇が厚い。長円形の尾鰭上方の4分の3には波状の暗色点列があり、下方にはまったくない。体側には12～14本の黄褐色の細横帯が主に腹側にあり、マハゼとの識別点になる。砂底質の汽水域や内湾を好み、河川の淡水域にもさかのぼる。日本では北海道から九州にかけて分布する。

採集地―千葉県・小櫃川河口　水深―1m　全長―7cm　写真：林　No.160

Column 日本のハゼ、世界のハゼ

　ハゼは世界の熱帯と温帯の水域（主に海水域）であれば、見つからない所がないと思えるほど分布範囲が広く、しかも世界的であるという点では他の分類群とは異なる特徴をもっている。ハゼの地理的分布の中心は東南アジア海域と言われており、日本に分布するハゼの多くはそこから直接派生したものと考えられている。世界のハゼは1910年代で約600種、1940年代で約1,000種と報告されてきたが、その50年後に出版された文献では2,100種以上に達している。この加速度的な種の増加は他の魚類ではまったく見られない傾向である。

　世界的に分布するハゼの北限、南限については、最北端は北大西洋のノルウェー（北緯65.5度）からアイスランド西岸にかけて分布するハゼが、最南端はニュージーランド（南緯45度）に分布するハゼがそれぞれ記録されている。しかし南米大陸の南端はニュージーランドよりもさらに南に位置しているにもかかわらず、南米大陸に分布するハゼの南限が太平洋側ではペルー北部（南緯10度）、大西洋側ではブラジル南部（南緯22度）にとどまっている。このような分布上の疑問については、ハゼの系統分散と大陸の移動との深い関連性が指摘されている。

　そのなかで日本は「ハゼの楽園」といわれるほどに種類が豊富である。新しい文献（明仁ほか、2001）によれば113属338種が北海道から八重山諸島にかけて広く分布するとされ、これは世界のハゼの属では約42％、種では約16％に相当する。日本の総種数が少ないのは、それだけ世界の各分布域での種分化が進んでいることを示している。

Pterogobius キヌバリ属 🔵🟤

　成魚の全長は10～23cm。岩礁の転石帯や藻場のある海底付近に生息し、季節によって各成長段階のものが周年見られる。春から夏にかけて5～10mの浅海に、晩秋から冬は20m以深へ生息水深が移動する。幼魚は藻場の中を群がって泳ぐが、成魚になると海底近くに単独でいることが多く、広いテリトリーをつくる。キヌバリ属のなかでチャガラは成魚も群がりをつくり、日中によく遊泳移動する。主にプランクトン食。頭部は丸みがあり、体は棒状。第1背鰭の数棘が伸長するかしないか、体側の模様が横帯か縦帯か、頭部の黒色線の有無などで種の識別が可能。朝鮮半島、黄海にも分布し、日本では4種が知られ、北海道から九州にかけて分布する。

No.161

▎キヌバリ
Pterogobius elapoides
[英] Stretched silk

　体は円筒形で、第1背鰭起部から吻端にかけて緩やかに傾斜する。両眼間隔は幅が広い。胸鰭の上方軟条は遊離して糸状。頭部には眼を通る黒色横帯とその後に鉢巻状の細い黒色帯がある。体側の黄色で縁取られた黒色横帯はキヌバリの良い標徴となり、千葉県以南の太平洋産は6本、九州から本州の日本海側と宮城県以北の日本海産は7本で、数に違いがある。初春に見られる幼魚は群がって、海藻の間をよく泳ぐ。成魚は岩礁性の環境を好み、繁殖期以外は岩棚の下に「なわばり」をつくり雌雄別々に生活する。日本では北海道から九州にかけて広く分布する。

太平洋産　撮影地―神奈川県・相模湾　水深―2m　全長―12cm　写真：林

Pterogobius

No.162
太平洋産
撮影地—静岡県・富戸
水深—7m　全長—10cm

日本海産　撮影地—新潟県・佐渡島　水深—9m　全長10cm　　　*No.163*

Gobiidae

89

No.164

▌リュウグウハゼ
Pterogobius zacalles
[英] Beauty goby

胸鰭の上方軟条は遊離して糸状。第1背鰭は縁辺が丸く棘は伸びない。頭部に目立つ暗色横帯はない。地色は透明感のある乳白色で、体側にある幅の広い5本の黒色横帯が特徴。尾鰭の後縁は黒い。冷水性で北方域では生息水深が浅く、本州中部以南では15～30mと深い場所にすむ。砂底の発達した岩礁性海岸を好み、大きな群がりはつくらない。日本では北海道から九州にかけて分布する。

撮影地―新潟県・佐渡島　水深―10m　全長―12cm

撮影地―東伊豆・富戸　水深―6m　全長7cm　*No.165*

▌チャガラ
Pterogobius zonoleucus
[英] Whitegirdled goby

胸鰭の上方軟条は遊離して糸状。頭部に眼を通る黄褐色横帯とその後に鉢巻状の黄褐色帯がある。体側にある幅の狭い6本の黄褐色横帯が、キヌバリとは色や幅が異なるので両種の識別に役立つ。キヌバリより遊泳性が強く、成魚も藻場の葉の間を群がって泳ぐ。初春(2～3月)に見られる幼魚の集団は、キヌバリよりも1ヶ月ほど前に出現する。日本では青森県から九州にかけて分布する。

キヌバリ属 **Pterogobius**

No.166

撮影地―新潟県・佐渡島　水深―15m　全長―18cm

ニシキハゼ
Pterogobius virgo
［英］Maiden goby

No.167　胸鰭の上方軟条は遊離して糸状。第1背鰭の縁辺は丸みがある。キヌバリ属のなかでは本種の体側模様だけが縦帯であることが特徴。成魚の体側中央にある橙黄色縦帯は縁取りがコバルト色で極めて美しい。背鰭や臀鰭の基底付近にもコバルト色の縦帯がある。単独で砂底をゆっくり移動し、ホバーリングを繰り返す。11〜12月頃、水深20〜30mにたくさんの稚魚が群れていることがあり、シラス網などで大量に捕れる。岩礁性海岸でも砂底の多い場所を好む。日本では新潟県以南、千葉県から九州にかけて分布する。

幼魚　撮影地―静岡県・大瀬崎　水深―5m　全長―2.5cm　写真：杉森

Gobiidae

Pseudogobius
スナゴハゼ属

　小型のハゼで、成魚の全長は3〜3.5cm。河口付近のマングローブ水域、内湾の砂浜干潟などに生息する。満潮時は砂泥底に掘った巣穴に潜り、干潮時は活発に捕食活動をする。頭部は丸く、口は少し突き出た吻部の下側に隠れる。同じ環境にすむアベハゼ属の種類とよく似ているが、口の大きさ（スナゴハゼ属は小さい）や前鼻管の長さ（アベハゼ属は長く明瞭）などの特徴で識別できる。動作は比較的敏捷。中国、台湾、インド-西太平洋に分布し、日本では3種が知られ、宮城県から琉球列島にかけて分布する。

No.168

採集地―沖縄県・西表島　水深―5m　全長―4cm　写真：林

スナゴハゼ
Pseudogobius javanicus

体は円筒形で、頭部は小さく、吻部が突出する。成熟した個体でも全長は3.5cm程度。水中で背鰭を立てることはまれだが、移動や危険を感じたときには立てる。第1背鰭にある黒色斑（雄は顕著）で、同じ水域にすむマサゴハゼ*Pseudogobius masago*と識別できる（マサゴハゼの第1背鰭には黒色斑がない）。体側には茶褐色の網目状斑がある。河口汽水域や、「みおすじ」が深く入り込む水深10m付近の内湾泥底にも生息する。堆積した落ち葉や沈木などの物陰に隠れている。日本では八重山諸島に分布する。

Exyrias
インコハゼ属 🌴🌊

　成魚の全長は13〜18cm。河口付近の潮間帯域からマングローブが繁るサンゴ礁内湾の水深10m付近までの、主に砂泥底に生息する。マングローブの支柱根や枝サンゴの根元などの奥に潜むが、透明度の低い水域なので見つけにくい。体は太短く、頭部が大きい。同じ環境に生活するハゼ類とは、特に目立つ斑紋が体側にないこと、各鰭（特に尾鰭）が大きく、移動のときには背鰭をよく立てるなどの特徴で識別できる。動作は比較的緩慢だが、近づき過ぎると素早く逃げる。インド-西太平洋、南太平洋に分布し、日本では2種が知られ、琉球列島に分布する。

No.169

インコハゼ
Exyrias puntang
[英] Puntang goby

　体は太短く、よく側扁する。頭部は大きく、口唇が厚い。広げた各鰭が優雅に動く様子は印象的。第1背鰭は三角形で、第1〜3棘の先が伸びて糸状になり、雄に顕著。体の背側には淡赤褐色の小円斑が多数ある。河口汽水域を好み、軟泥底に巣穴を掘る。日中は巣穴に潜み、夜は活発にエビなどの甲殻類を捕食する。日本では琉球列島に分布する。

撮影地—フィリピン・ブスアンガ島　水深—9m　全長—12cm

撮影地—インドネシア・バリ島　水深—6m　全長—13cm　*No.170*

オバケインコハゼ
Exyrias bellissimus
[英] Mud reef-goby

　体は太短く、体高が高い。全長はインコハゼよりも大きくなる。大きな第1背鰭は四角形で、各棘の先は糸状にならないことでインコハゼと識別できる。体は暗赤褐色で、頭部や喉部は赤橙色。胸鰭基底上方にある輝青点が水中ではよく目立つ。内湾のサンゴ瓦礫が堆積する泥底にすみ、インコハゼより塩分濃度の高い水域を好む。巣穴は掘らず、主にサンゴ瓦礫の奥や下に潜む。水深13m以浅で見られる。日本では琉球列島に分布する。

No.171
撮影地―インドネシア・
バリ島
水深―8m
全長―15cm

No.172

インコハゼ属の1種
Exyrias ferrarisi

体は太短く、体高が高い。口唇は厚く、吻部が他のインコハゼ類よりも尖る。第1背鰭は三角形で、第1〜3棘は先端が糸状に伸びる。体側に紫褐色と淡灰色の斑紋が多くあり、濃淡が明瞭。鰓蓋の上部には眼径大の黒円斑がある。各鰭に紫褐色の小斑が多数ある。内湾でも塩分濃度の高い水深10〜15mのサンゴ瓦礫底で見られる。日本では未記録。フィリピン、マレーシアとインドネシアに分布する。

撮影地―インドネシア・スラウェシ島　水深―16m
全長―7.5cm　写真：林

撮影地―八重山諸島・石垣島　水深―20m　全長：5cm　写真：中本
No.173

インコハゼ属の1種
Exyrias sp.
[英] Filament sand-goby

第1背鰭の第1〜3棘が著しく糸状に伸びることが本種の特徴。頭部や体側、各鰭には黄褐色斑が多数ある。これまでインコハゼ(No.169)の幼魚と誤認されていたが未記載種。サンゴ礁が発達した内湾の砂底にすみ、塩分濃度の高い水域を好む。日本では石垣島からの記録があるだけ。フィリピンとジャワ島に分布する。

Macrodontogobius
マダラハゼ属

　成魚の全長は6cm程度。サンゴ礁内湾の水深10m以浅で、主に砂礫やサンゴ瓦礫の多い場所に生息する。パッチリーフの下や奥に潜んでいるので、なかなか見つけにくい。体形や体側の模様がインコハゼ属に似ているが、各鰭が小さいこと、体高が低いこと、移動するときでも鰭を全開しないことなどで識別できる。腹鰭と臀鰭には数本の暗色斜帯がある。インド-西太平洋、南太平洋に分布し、日本では1種が知られ、琉球列島に分布する。

No.174

撮影地―奄美大島　水深―6m　全長―6cm

マダラハゼ
Macrodontogobius wilburi
［英］Largetooth goby

　体は太短く、胴部の断面は三角形に近い。眼は大きく上部に突出し、両眼間隔は狭い。吻が上顎よりわずかに突出する。口唇は厚く、左右の口角部が膨らむのが特徴。顔を正面から見るとカエルウオ類と口元がよく似ている。第1背鰭は三角形で、鰭膜に模様はほとんどない。腹鰭と臀鰭に黒褐色の縞模様があり、移動するときにこの縞模様がよく目立つ。インコハゼ類の幼魚と見間違うことがある。餌と一緒に捕食した泥を鰓蓋から砂けむりのように流し出す動作を繰り返す。サンゴ瓦礫が堆積した内湾の泥底を好み、水深10m以浅で見られる。

Gnatholepis オオモンハゼ属

　成魚の全長は5～6cm。主にサンゴ礁の潮間帯域から内湾の水深10m付近に生息し、主に砂礫底を好む。岩礁地では瓦礫の多い岩棚の下や奥に潜んでいる。大きな眼は頭上にあり、両眼は接近している。主上顎骨の後端が下向きに突出しているため、ちょうど「牙」のように見えるのが特徴。体色には雌雄差があり、雄のほうが鮮やか。台湾、インド-西太平洋、南太平洋に分布し、日本では3種が知られ、東京湾から琉球列島にかけて分布する。

No.175

採集地―八重山諸島・西表島　水深―15m　全長―6.5cm　写真：林

オオモンハゼ
Gnatholepis anjerensis
[英] Eye-bar goby

体は太短く、胴部あたりの断面は丸みのある三角形。小型のハゼで全長は6cm。吻端と上顎の先端はほぼ同列。口はやや上向きで、左右の口角部が突起物状に膨らむのが特徴。眼下に幅の広い黒色垂線がある。胸鰭基底の上方に不明瞭な黒色斑があり、その中央には微小で鮮明な黄色点がある。サンゴ砂のように明るい底質環境にすんでいる場合は、体色全体が明色になるので、この黄色点はほとんど目立たない（*No.176*）。礁湖のパッチリーフやサンゴ礁の縁などで見られる。50m以浅に生息し、日本では琉球列島に分布する。

No.176

撮影地―サイパン島　水深―3m　全長―6cm

オオモンハゼ属 *Gnatholepis*

No.177

撮影地―高知県・柏島　水深―9m　全長―6cm

カタボシオオモンハゼ
Gnatholepis scapulostigma
［英］Shoulderspot goby

オオモンハゼと同様で、左右の口角部に突起物状の膨らみがあり、眼下には細い黒色垂線がある。胸鰭基底の上方に明瞭な黒色斑があり、その上には瞳孔大の黄色点がある。和名の「カタボシ」はこの黄色点のことを指す。近似種のオオモンハゼとはこの黄色点の有無によって識別できる。体側には赤褐色の細い縦帯が数本あり、体側中央には暗色の円斑が5〜7個点列状に並ぶ。サンゴ礁や岩礁の周縁で見られ、砂底を好む。生息水深は5〜50m。日本では小笠原諸島、東京外湾（千葉県）から琉球列島にかけて分布する。

Column 「カニハゼ」と呼ばれるハゼ

　ここに紹介するハゼは、写真や水中で実物を見るだけですぐに「名前」が出てくる有名なハゼの1種。また、実物を見たことがないダイバーであっても「名前」だけはよく知られているハゼでもある。学名は *Signigobius biocellatus* といい、フィリピン、インドネシア、ミクロネシア、グレートバリアリーフなどの海域にある多くのダイビングスポットでよく見られる。極めて独特な模様の外観から、英名もいろいろあってSignal goby（信号ハゼ）、Twinspot goby（2点ハゼ）、Crab-eyed goby（カニ眼ハゼ）など、いずれもハゼの斑紋の特徴をよくとらえている。そしてこのハゼにはれっきとした「カニハゼ」という和名まであり、海外に出かけた日本人ダイバーには、現地インストラクターが「KANI-HAZE」と丁寧に教えてくれる。標準和名は日本に分布する生物に対して与えられるべき名前という原則論からすると、「カニハゼ」はまさに日本の海域に分布することになるのだが、実はまだ日本からは記録のないハゼである。日本のサンゴ礁海域にはこのハゼが好む海外の生息環境に似た環境がいくらでも存在するが、日本ばかりでなく台湾のサンゴ礁海域からもまだ生息確認の記録はない。派手な外観と鰭を立てて前後に体を動かす独特の行動は、目利きの鋭いダイバーならば見逃すはずはないであろう。ハゼ好きのダイバーの努力によって、「カニハゼ」を「まぼろしの和名」から救い出せる日がくることを楽しみにしたい。

No.178

撮影地―インドネシア・スンバ島
水深―10m　全長―4.5cm

Istigobius
クツワハゼ属

　成魚の全長は6〜12cm。主に岩礁の潮間帯下部から内湾の水深20m付近までの砂礫底に生息する。サンゴ礁ではサンゴ瓦礫の多い砂底やパッチリーフの縁下に潜む。基本的な生活型は単独性。生活場所になわばりをつくり、ペアになると雄がすみかを守る。体は細い円筒形で、丸みのある吻部が上顎を覆っている。吻長は短い。眼は頭頂にあり、両眼は接近する。水中では体側にある輝青色の小点がどの種もよく目立つ。中国、台湾、紅海、インド-太平洋に広く分布する。日本では7種が知られ、富山県以南、千葉県から琉球列島にかけて分布し、種数は琉球列島に多い。

No.179

クツワハゼ
Istigobius campbelli

撮影地―西伊豆・大瀬崎　水深―11m　全長―9m

　体は円筒形。吻部は丸く緩やかに突出し、口は比較的小さい。成熟した個体の全長は10cm程度。体側には赤褐色や茶褐色の小点が多い。水中では鰓蓋や背側面にある輝青色の小点が角度によっては多数見える。7月の繁殖期には雌雄共に、これらの斑紋が一層鮮やかに現れる。暗色の細い縦帯が、眼の後端から鰓孔上部にかけてあるのが特徴。普段は単独で生活しているが、繁殖期になり雌を獲得する時期になると、背鰭や尾鰭を立てて雄同士が争う。水深5〜15mの岩礁の砂底に生息し、岩棚や転石のある周辺を好む。日本では富山県以南、千葉県から八重山諸島まで分布する。

Gobiidae

Istigobius クツワハゼ属

No.180

ヒメカザリハゼ
Istigobius goldmanni
[英] Goldman's goby

クツワハゼ属のなかでは小型で、全長は6cm程度。体側には淡赤褐色や白色の小点が多数あり中央には2個の茶褐色斑が対になって縦に4～5個並ぶ。尾鰭基底上にある最後の褐色斑は大きく明瞭。同じ場所にすむオキカザリハゼとは、第1背鰭に黒色斑がないこと、眼の下方に暗色線がないことで識別できる。水深15m以浅のサンゴ礁の砂底にすみ、物陰を好む。日本では沖縄島から八重山諸島にかけて分布する。

撮影地―サイパン島　水深―5m　全長―6cm

マダラカザリハゼ
Istigobius rigilius
[英] Rigiliu's goby

眼には細く黒い十文字線がある。体側には淡褐色や白色の小点が多数ある（No.181）。海底の明るさによってはこれらの小点はよく見えず、むしろ鰓蓋や背側面にある輝青色の小点のほうがよく目立つ（No.182）。体側中央に2個の淡褐色斑が対になって縦に3～4個並ぶ。眼の下方から下顎先端に向かう暗色斜帯が特徴。全長は9cm程度。サンゴ礁の水深30m以浅の砂底にすみ、サンゴ瓦礫などの物陰を好む。日本では沖縄島から八重山諸島にかけて分布する。

No.181

No.182　撮影地―サイパン島　水深―1.5m　全長―8cm

撮影地―サイパン島　水深―9m　全長9cm

クツワハゼ属 Istigobius

オキザリハゼ
Istigobius nigroocellatus

ヒメカザリハゼと同様に小型で、全長は6cm程度。体側には黒色や暗褐色の小点が散在し、体側の中央には長円形の黒色斑が縦に4〜5個並ぶ。尾鰭基底上の最後の斑紋は大きいが、周囲は不鮮明。第1背鰭の後部下方に黒色点があること、頬部と眼の後方に暗色縦帯のあることが特徴。サンゴ礁の水深25m以浅の砂底にすみ、物陰を好む。日本では西表島に分布する。

採集地―八重山諸島・西表島　水深―15m　全長―5.7cm　写真：林　No.183

ホシカザリハゼ
Istigobius decoratus
［英］Decorated goby

オキカザリハゼに似る。体側に点在する小点は赤褐色。体側中央に2個の黒色斑が対になって縦に4〜5個並び、尾鰭基底上にある最後の黒色斑は前のものと同大であること、第1背鰭の前部上方に小黒色点があること、頬部に暗色縦線があることなどでオキカザリハゼと識別できる。岩礁やサンゴ礁の水深25m以浅の砂底にすみ、転石やサンゴ瓦礫などの物陰を好む。日本では愛媛県、高知県・柏島、沖縄島から八重山諸島にかけて分布する。

No.184 
撮影地―サイパン島
水深―5m
全長―10cm

No.185 
若魚
撮影地―高知県・柏島
水深―12m
全長―4cm

101

Istigobius クツワハゼ属

No.186

ホシノハゼ
Istigobius hoshinonis

成熟個体の全長は12cmに達し、クツワハゼ属では最も大きくなる。赤褐色や茶褐色の小点が主に背側面に多くある。体側中央にあるはしご状の褐色縦帯は雄に明瞭。頬部には輝青色の不規則な斜帯がある。雄の第1背鰭後方には黒色斑があり、雌にはない。岩礁の水深25m以浅の砂底にすみ、岩棚や転石の周辺を好む。日本では富山県以南、千葉県から奄美大島まで分布する。

撮影地―西伊豆・大瀬崎
水深―11m
全長―10cm

No.187

雄（婚姻色）
撮影地―東伊豆・川奈
水深―13m　全長―10cm

No.188

雌（婚姻色）
撮影地―西伊豆・大瀬崎
水深―10m　全長―10cm

クツワハゼ属 **Istigobius**

No.189

カザリハゼ
Istigobius ornatus
[英] Ornate goby

体側には短い暗褐色の細い縦帯が多数ある。体側中央には長円形の黒色斑が点列状に4〜5個並び、尾鰭基底上にある最後の黒色斑は小さい。また中央の黒色点列斑の下にも小さい黒色点列斑がある。水中では体側の輝青色の小点が極めて鮮やか。胸鰭上部の軟条が糸状に遊離するのが特徴。内湾や河口汽水域などの水深2〜7mの砂底や泥底にすむ。マングローブの生育する泥底に巣穴を掘る。日本では男女群島、八重山諸島に分布する。

採集地—八重山諸島・石垣島　水深—5m　全長—7.5cm　写真：林

Column ハゼ類の研究史（日本編）

　日本の魚類学の発展は「魚類学の父」と称される田中茂穂（当時東京帝国大学）の業績に代表される。現在のように魚類専門の学会や研究誌のない1900年代初期は、魚類学の研究成果のほとんどが「動物学雑誌」「博物学雑誌」「植物及動物」などの専門誌に発表された。田中はその「動物学雑誌」の編集担当者でもあり、その後に続く魚類研究者の多くの論文掲載に力を注いだ。田中は1911年から約20年にわたり「日本産魚類図説」を刊行し、このなかでヨシノボリが新種記載された。また1913年にはアメリカのJordanやSnyderとともに「日本産魚類目録」（英文版）を発刊し、当時はカワアナゴ科のハナハゼからワラスボ科のワラスボまで合計82種類のハゼ類を収録した。ハゼの和名と同時に地方名まで記述され、描画も秀逸である。田中の教えを受けた冨山一朗は1936年に「日本のハゼ科魚類」（英文版）を著し、阿部宗明の著書や監修による「魚類図鑑」でさらに日本のハゼ類相が明らかにされた。

　また日本の魚類系統分類学の創始者といえる松原喜代松（当時京都大学）は1955年に「日本産魚類の形態と検索」という大著を刊行し、日本産ハゼ科魚類145種の検索方法が記され、長い間本書が日本の魚類分類の聖典となった。稚魚分類と初期発生の研究の基礎を築いた内田恵太郎（当時九州大学）の教えを受けた中村守純（当時国立科学博物館）は「淡水魚類検索図鑑」で河川から汽水域のハゼを、同じく道津喜衛（前長崎大学）は、「ハゼの生活史」の精力的な研究成果を多く残した。水野信彦（前愛媛大学）は「淡水産ハゼの生態学的研究」を、高木和徳（前東京水産大学）は「ハゼ亜目魚類の頭部側線系による分類学」を完成させた。頭部感覚管系や骨格系を中心としたハゼの分類学は、今上天皇によって現在も研究が進められ、日本産ハゼ亜目魚類は現在413種が公表されている。

Bryaninops
ガラスハゼ属

　小型のハゼで成魚の全長が2〜5cm。主に岩礁やサンゴ礁のムチカラマツやヤギ類、ハマサンゴ類やミドリイシ類など刺胞動物の群体上に生息する。水深は40m付近まで知られる。ヤギ類に付いて生活するものは基本的にはペアが多く、雄は雌よりも小さい。ポリプの一部を剥ぎ取った跡を産卵床に使う。石サンゴ類に付いて生活するものは群がりながら遊泳し、サンゴ枝への離着を繰り返す。体はわずかに縦扁し、頭は二等辺三角形状で、吻の先は尖る。眼や口は大きく、体や鰭は透明感が強いのが特徴で、種によっては内臓の一部が透視できる。意外と大きい犬歯が下顎にある。台湾、紅海、インド-太平洋に広く分布する。日本では9種が知られ、小笠原諸島、伊豆半島から琉球列島にかけて分布し、種数は琉球列島に多い。

撮影地—小笠原諸島・父島　水深—12m　全長—3cm　*No.190*

ガラスハゼ
Bryaninops yongei
[英] Whip coral goby

　体側に5〜6本の赤褐色または褐色の細い横帯がある。尾鰭の下葉側3分の1が暗赤褐色。通常は1ペアでムチカラマツ属の群体に付いて生活するが、まれに2ペアが付くこともある。ポリプを除去し、むき出しになった幹の周囲を産卵床にする。危険が迫ってもムチカラマツから離脱することはない。全長は3.5cm位で、雌の方が雄よりわずかに大きい。水深3〜15mのサンゴ礁や岩礁の礁斜地形を好み、潮通しの良い場所にすむ。日本では小笠原諸島、伊豆半島から琉球列島にかけて分布する。

撮影地—沖縄諸島・久米島　水深—12m　全長—3cm　*No.191*

ガラスハゼ属 **Bryaninops**

オオガラスハゼ
Bryaninops amplus
[英] Large whip coral goby

体は透明感があり、体前部はやや縦扁し、尾柄部は細い。ガラスハゼと似ているが、体は細長くて大きい。眼の前縁から上唇先端に向かう赤色帯は太くて不鮮明。上唇はやや肥厚する。体側に7～8本の赤褐色または赤橙色の横帯がある。尾鰭基底付近の下側がわずかに暗赤褐色。ペアでウミシダやウミカラマツ類の群体に付いて生活する。全長は4.5cm程度。サンゴ礁や岩礁の水深10～25mの潮通しの良い礁崖や急斜地にすむ。日本では千葉県から和歌山県、小笠原諸島、八重山諸島に分布する。

撮影地─西伊豆・大瀬崎
水深─16m　全長4cm

No.192

No.193

撮影地・台湾・緑島　水深─12m　全長─4cm

Gobiidae

Bryaninops ガラスハゼ属

No.194

撮影地―奄美大島
水深―10m
全長―3cm

ホソガラスハゼ
Bryaninops loki

体が細長く大きいところはオオガラスハゼ（No.192 193）とよく似ている。吻部は尖り、頭部を上から見ると二等辺三角形状。眼の周囲は赤色。眼の前縁から上唇先端に向かう赤色帯は太くて鮮明。背側面には短い6～7本の赤褐色の細い横帯がある。ヒラヤギやウミスゲ類の群体に付いて生活する。水中でオオガラスハゼと識別するのは非常に難しい。全長は4cm程度。サンゴ礁や岩礁の水深10～25mの礁崖や急斜面で潮通しの良い場所にすむ。日本では宇和海、沖縄島、八重山諸島に分布する。

Gobiidae

ガラスハゼ属 **Bryaninops**

No.195

撮影地―インドネシア・バリ島　水深―29m　全長―2.5cm

スジグロガラスハゼ
Bryaninops tigris
[英] Black coral goby

体は透明感があり、体前部はやや縦扁し、尾柄部は細い。小型のガラスハゼで、全長は2.5cm程度。吻部は尖り、頭部は二等辺三角形状で、眼径が著しく大きい。眼の周囲は淡褐色。眼の前縁から上唇先端に向かう褐色帯は太くて鮮明。上唇はやや肥厚する。背側面には太短い6～7本の褐色の斜帯があり、肛門から臀鰭基底後方にかけて明瞭な6～7個の黒色点列斑があるのが特徴。サンゴ礁や岩礁の水深10～50mの潮通しの良い場所を好み、イバラウミカラマツなどの枝状群体の中に雌雄が数尾づつ付いて生活する。日本では高知県・柏島に分布する。

Gobiidae

Bryaninops ガラスハゼ属

撮影地―八重山諸島・石垣島　水深―6.5m　全長―2cm　*No.196*

アカメハゼ
Bryaninops natans
[英] Hovering goby

体は透明感が強い。第1背鰭付近の体高が高く、尾柄部で急に細くなる。小型のハゼで、全長は2cm程度。吻は短く、眼径は著しく大きい。眼の周囲が赤紫色で美しく、和名の「アカメ」はこの「赤眼」にちなむ。体の後半部は涼やかな黄色で、水中でよく目立つ。枝状のミドリイシ類の周辺に群がり、潮が動くとよく泳ぐ。30～50尾くらいの集団になることもある。危険を感じるとサンゴ枝の中に隠れ、ときには枝先で休止する。水深10～20mのサンゴ礁の静かな内湾にすむ。日本では琉球列島に分布する。

No.197

撮影地―奄美大島　水深―15m　全長―2cm　写真：林

Gobiidae

ガラスハゼ属 **Bryaninops**

No.198

イロワケガラスハゼ
Bryaninops erythrops
[英] Translucent coral goby

体は透明感が強く、体前部はわずかに縦扁し、尾柄部は細い。全長は2cm程度。吻部はよく尖る。眼径が大きく、眼の周囲は真紅で美しく、瞳の周縁は金色。体側には吻から尾鰭基底まで幅広い暗赤褐色の縦帯があり、和名の「イロワケ」はこの体側模様にちなむ。ハマサンゴ類やアナサンゴモドキ類の群体に付いて生活する。水深10m以浅で見られ、礁湖など静かな環境を好む。日本では沖縄島、慶良間諸島、八重山諸島に分布する。

撮影地―八重山諸島・石垣島　水深―10m　全長―2.5cm
写真：中本

Column ハゼの呼び名について（名前のルール）

　人は文字や言語が発達すると、動物に対して文字を用いて種分けをするようになった。しかし、時代の変遷とともに各国、各地域でつけられた動物の名前は統一がなく、また同一の動物に対して別の名前がつけられることは極めて当然であった。これらの名前は「俗名」と呼ばれ、現在でも世界各地にたくさん存在する。科学が進歩するにつれ共通な認識を基本とした、国際間で共有できる学術用の名称、つまり「学名」が必要となってきた。そこで「種の学名」を1語の属名と1語の種名とを組み合わせた命名法（二名式が規約の基本原則）が提唱され、新しい「種」の命名が行われてきた。分類を専門とする研究者はこの「国際動物命名規約」に準拠しながら、「学名」で世界中の種の名前を管理している。しかし動物の「学名」が一般に広く通用するわけではないので、各国の言語で統一された呼び名が必要となる。和名や英名などがそれで、「学名」とは違って厳しい命名規約には縛られてはいない。専門書や図鑑などでは専門家の検討により「学名」と共に「和名（標準和名）」や英名が併記されているので、国内における「種」と「名前」の認識には困らない。ハゼは種類が多く分類学的には未検討のものが多いので、「ハゼ科の1種」としか記せないものもある。一方では、これらのハゼに対してアイドル名や仮称が安易につけられ、商業誌に発表されることもまれではない。「名付け親」としての責任の重さについて、一度身近な専門家に話を聞いてみてはどうだろうか。

Pleurosicya
ウミショウブハゼ属

　小型のハゼで成魚の全長は2～3.5cm。主に岩礁やサンゴ礁のウミトサカ類や石サンゴ類など刺胞動物の群体やリュウキュウスガモやウミジグサの葉、海綿類などに付いて生活している。生活型はガラスハゼ類に似ているが、生息水深は5～30mで、比較的浅い場所に多い。1つのウミトサカに数個体がついていることもまれではないが、ペアになるとなわばり意識が強くなる。吻部が尖る頭部の形状もガラスハゼ類と似るが、体や頭の幅はウミショウブハゼ属のほうが広い。第1背鰭と第2背鰭は接近している。各鰭は透明感が強く、体は半透明。台湾、紅海、インド-太平洋に広く分布する。日本では8種が知られ、宇和海から琉球列島にかけて分布し、種数は琉球列島に多い。

No.199

ウミショウブハゼ
Pleurosicya bilobata
[英] Bilobed ghost goby

体前部はやや縦扁し、尾柄部は細い。吻部はとがり、上唇は完全に下唇を覆わない。頭は二等辺三角形。眼の周囲は黄色。眼の前縁から上唇先端に向かう褐色帯がある。体側に不規則な淡緑褐色の模様があり、背面ではこの模様が横帯状となる。雄は第2背鰭の後端に黒斑があり、雌には無い。尾鰭の下側の3分の1が暗褐色。水中では体側模様が透明感のある地色（暗緑色）に溶け込み、海草の中ではなかなか見つけにくい。ウミショウブやリュウキュウスガモなどの海草の葉上に付いて生活する。まれにウミウシ類に付くこともある。生息水深はタイドプールの深さから水深30m付近まで。日本では琉球列島に分布する。

撮影地―サイパン島
水深―2m　全長―2cm　写真：木村（裕）

ウミショウブハゼ属 *Pleurosicya*

ウミタケハゼ
Pleurosicya muscarum
[英] Soft coral ghost goby

外観はウミショウブハゼに似るが、吻長は短く、上唇は完全に露出し、頭はむしろ正三角形。眼の前縁から上唇先端に向かう斜帯はない。地色は透明感のある淡緑褐色であるが、付いている生物の色に順応できるので、一様ではない。明瞭な模様はなく、微小な茶褐色の点が散在する。主にウミトサカ類に付くが、サボテングサのような海草にも付く。全長は2.5cm程度。生息水深は礁湖のような浅瀬から水深30mまで。日本では琉球列島に分布する。

撮影地—サイパン島　水深—15m　全長—3cm　写真：木村(裕)　No.200

ヒラウミタケハゼ
Pleurosicya coerulea
[英] Blue coral ghost goby

ウミショウブハゼ属のなかでは小型種で、全長で1.8cmほど。上唇は肉質で先端部の幅が広く、下顎は上唇で隠れるのが特徴。地色は全体に透明感のある暗緑青色で、体側に明瞭な模様はない。項部や背側面に微小な褐色点がある。背鰭や尾鰭の軟条は橙色。アオサンゴにだけ付く。生息水深は礁湖のような浅瀬から水深10m付近まで。日本では沖縄島と八重山諸島に分布する。

No.201

撮影地—サイパン島　水深—3m　全長—1.5cm

撮影地—サイパン島　水深—3m　全長—1.5cm　No.202

ハシブトウミタケハゼ
Pleurosicya fringilla

ヒラウミタケハゼと同様に小型で、全長は1.8cm前後。頭頂から吻端にかけての傾斜は急で、上唇は肉質で先端部が肥厚し、鳥のくちばしのように見える。下顎は上唇で隠れる。地色は全体に透明感のある黄土色で、明瞭な模様はなく、体側の後方に微小な褐色点がわずかに点在する程度。ミドリイシ類の枝に付いている。生息水深は礁湖のような浅瀬から水深10m付近まで。日本では慶良間諸島と八重山諸島に分布する。

スケロクウミタケハゼ
Pleurosicya boldinghi

撮影地―西伊豆・大瀬崎　水深―20m　全長―3.5cm　No.203

太短い体の外観からは磯魚のウバウオ類を連想する。頭幅は広く、上唇が完全に露出しているので、下顎はほとんど見えない。眼は他のウミタケハゼ類に較べるとむしろ小さく、両眼間隔は広い。眼の周縁は淡黄色。眼の前縁から上唇先端に届く赤色帯は、吻端で合流しない。地色は透明感のある美しい淡桃色で、個体によっては不規則な桃色斑が体側にある。尾鰭に模様はない。トゲトサカ類の群体に付いて生活する。大きい個体は全長4cmになる。生息水深は10～25m。日本では伊豆半島、宇和海、高知県・柏島、奄美大島、沖縄島に分布する。

No.204

撮影地―インドネシア・バリ島　水深―23m　全長―3cm

112

ウミショウブハゼ属 **Pleurosicya**

No.205

撮影地―インドネシア・リンチャ島　水深―23m　全長―2.5cm

No.206 撮影地―奄美大島　水深―8m　全長―3cm

No.207 撮影地―インドネシア・スンバ島　水深―18m　全長―2.5cm

▎セボシウミタケハゼ
Pleurosicya mossambica
[英] Common ghost goby

頭幅はやや広く、吻長は短い。ウミタケハゼ類のなかでは小型で全長は最大でも3cmほど。眼の周縁は赤橙色で細かい暗色素が多くある。眼の前縁から上唇先端に届く赤色帯は太く明瞭で、吻端で合流しない。地色は全体に透明感のある美しい淡赤桃色で、鰓蓋と体側全体に細かい暗色素が多数ある。第1背鰭の基底中央に明瞭な黒色斑があるのが特徴。雌はこの黒色斑が暗赤色か不明瞭。イシサンゴ類、トゲトサカ類、カイメン類、海草類など付いている生物が多様。生息水深は2～25m。日本では、宇和海、高知県・柏島、奄美大島、西表島に分布する。

Gobiidae

撮影地―東伊豆・富戸　水深―25m　全長―2cm　No.208

アカスジウミタケハゼ
Pleurosicya micheli
[英] Michel's ghost goby

セボシウミタケハゼ（No.205～207）と同様に小型で、全長は最大でも3cm程度。眼の周縁は赤橙色で細かい暗色素が上縁にある。眼の前縁から上唇先端に届く赤色帯は太く明瞭で、吻端で合流しない。地色は透明感のある美しい淡白桃色で、鰓蓋と体側中央に幅広い赤褐色縦帯があり、尾鰭の下側へと伸びる。この赤褐色縦帯は、付いている生物の色により濃淡がある。イシサンゴ類、トゲトサカ類、カイメン類など付いている生物が多様。生息水深は5～30m。日本では、宇和海、高知県・柏島、奄美大島、慶良間諸島に分布する。

撮影地―奄美大島　水深―9m　全長―2cm　No.209

撮影地―西伊豆・大瀬崎　水深―22m　全長―1.5cm　No.210

撮影地―西伊豆・大瀬崎　水深―17m　全長―3cm　No.211

Gobiidae

Column ハゼの多様な生活型

　岩礁にできた小さなタイドプールにすむ魚の種類を調べてみると、本州中部の太平洋側の海であれば種類数ではまずハゼ（科）が一番多い。種類数だけではなく個体数でも一番であることが普通。小さなタイドプールには所々に大小さまざまな穴があったり、石が沈んでいたりする。ハゼにとってこの穴や石の下は最も適した「隠れ家」兼「すみか」であり、その体形から岩棚の奥、石や礫の下などがすみやすい生活場所なのである。つまり多くのハゼ類が「物陰に潜んで生活するタイプ」という点では、岩礁、転石、砂浜、干潟（泥地）など海岸のどのような環境にあってもハゼが適応できる場所は存在するのである。

　ハゼの多くは世界の温帯から熱帯の沿岸にかけて広い分布域をもっていることと、広温性・広塩性・耐乾性などの性質を進化の歴史のなかで獲得したために生活型は極めて変化に富む。北半球の冷水温に適応したハゼには最低表層水温がセ氏3度の波打ち際にすむものがいる。ハゼの種分化は沿岸域から始まったと考えられているが、淡水域に進出したものや、水深270m（近年発表された深所記録）の海底で生活するものが発見されている。また変わった生活場所としては地下水脈のある場所や自然洞窟内の水路などからも記録され、特異な環境に対して一部の体形質が退化しているものもいる。穴がすみかであるハゼが多いなかで、自分で穴（孔）を掘る「持ち家型」のハゼもいれば、ほかの動物が掘った孔道を利用する「借家型」のものもいる。この借家型のハゼは別の見方からは「共生型」ともいわれ、最も良く知られているのはテッポウエビ類と相利共生の関係にあるハゼである。ワラスボ属のハゼのなかには二枚貝やアナジャコ類、カニ類などの生息孔にすみ込むものが知られているが、詳しい共生の仕組みは解明されていない。ソフトコーラル（八放サンゴ類）や群体石サンゴ（六放サンゴ）、カイメン類などを基本的なすみかにしているハゼも多い。サンゴ類をすみかにしているものは、産卵床をつくるために宿主のポリプを剝ぎ取ってしまうので、宿主にとっては迷惑な存在かもしれない。また海草などをすみかにしているガラスハゼ属のなかまや、インド洋の海ではヒトデやナマコの体表をすみかにする同属のハゼもいる。報告ではニシン科の魚の鰓孔内に寄生するハゼがいるとされているが、詳細な生態は不明である。大西洋と太平洋東海岸に分布するネオン・ゴビーのなかまはクリーナー（掃除屋）としても有名なハゼである。インド-西太平洋には、冷水温域で生活するタイプのハゼを除いて、現在知られているすべての生活型をもつハゼが分布する。このようなことからも、日本の海はハゼにとってすみ心地のよい海なのであろう。

空き缶をすみかにしたミジンベニハゼ　No.212

Cabillus
ヨリメハゼ属

　小型のハゼで、成魚の全長は3.5cmほど。礁湖の砂底や河口付近の潮間帯、内湾岸寄りの砂浜干潟など浅海に生息する。普段は礫の下などに潜り、活動時も体色や模様が生息環境に融けこむような保護色をしているので見つけにくい。動作は極めて敏捷で、接近するとすぐに砂中に逃げ隠れする。頭部は大きく、体と同様わずかに縦扁する。大きな両眼が接近していることから「ヨリメ（寄り目）」の名前がある。体側の模様は特徴ある「×印」状。インド-太平洋に分布し、日本では2種が知られ、琉球列島に分布する。

No.213

ヨリメハゼ
Cabillus tongarevae
［英］Tongareva goby

　眼が著しく大きく、両眼間隔がほとんどない。和名の「ヨリメ」は「寄り眼」にちなむ。雄の眼下には暗色の斜帯や胸鰭に黒色の三日月斑があり、雌には無い。第1背鰭基底付近に明瞭な黒色斑が数個あり、尾鰭基底部にある黒色斑が棒状に長いことで近似種のミカゲハゼと識別できる。体側全体に細かい絣模様がある。サンゴ礁の内湾や礁湖などに生息し、砂底を好む。生息水深は5〜10m。日本では琉球列島に分布する。

採集地―八重山諸島・西表島　水深―5m　全長―3cm　写真：林

ミカゲハゼ
Cabillus lacertops

撮影地―八重山諸島・西表島　水深―6m　全長―4cm　写真：笠井　No.214

　頭や体前部がやや縦扁し、体の断面はほぼ長円形。両眼間隔はほとんどなく、眼が極めて大きい。背面から見ると両眼の上縁に2本の黒色線があるのが特徴。第1背鰭基底付近に黒色斑が無いこと、尾鰭基底部にある黒色斑が下方まで伸びないことなどから、近似種のヨリメハゼと識別できる。体側全体に大小さまざまな黒点が散在する。和名の「ミカゲ」は体側にある「御影石」模様にちなむ。サンゴ礁の内湾や礁湖など穏やかなサンゴ砂底を好む。生息水深は5〜10m。日本では西表島に分布する。

Bathygobius
クモハゼ属 🟫🟦

　成魚の全長は4〜10cm前後。岩礁の潮間帯下部から内湾岸寄りの水深5m付近の転石帯に生息する。サンゴ礁内湾の潮だまりにも多い。満潮時は物陰に潜んでいるが、干潮時には活発な捕食活動をする。初夏に転石下の天井面に産卵し、雄が保育する。「典型的なハゼ型」という体形はまさにクモハゼ属に代表される。口唇は厚い。胸鰭の上方軟条が遊離しているのが特徴。背鰭や体側の斑紋の有無が種の識別には有効。台湾、紅海、香港、インド-太平洋に分布し、日本では11種が小笠原諸島、千葉県から琉球列島にかけて分布する。

No.215

クモハゼ
Bathygobius fuscus
[英] Dusky frillgoby, Common goby

　全長は最大で10cmに達し、雄が大きい。第1背鰭外縁に幅広い橙黄色または淡桃色の明色帯と、その下に暗褐色の暗色帯がある。体側の色彩は雄が濃く、雌は淡い。婚姻色では体側と各鰭の色彩が一層鮮やかになる。岩礁やサンゴ礁の潮間帯下部の転石下に生息する。ダイビングではエントリーやエキジットのときに見る機会が多い。和名の「クモ」は、体側全体にある「雲状」模様にちなむ。生息水深は潮間帯の下部で3m以浅。日本では若狭湾以南、千葉県から与那国島まで広く分布する。

雄（婚姻色）　撮影地―西伊豆・大瀬崎　水深―1m　全長―5cm　写真：赤堀

雄　採集地―千葉県・館山湾　水深―1m
全長―7cm　写真：林　　　　*No.216*

雌　採集地―千葉県・館山湾　水深―1m
全長―6.5cm　写真：林　　　*No.217*

Gobiidae

Flabelligobius
ホタテツノハゼ属

　成魚の全長は8〜10cm。主に岩礁やサンゴ礁の水深10〜30mの砂礫底に生息する。テッポウエビ類と共生し、エビの巣穴を利用する。第1背鰭は石垣模様のある広く大きな扇状で、特に雄では顕著。危険がせまるとこの大きな背鰭を前後に動かす。雄は雌への求愛のときにも同様な行動をとる。吻端にある前鼻孔がツボ状で長く突出しているのも特徴。マレーシア、インドネシアのサンゴ礁に分布するが、種の検討や分布域については今後の研究が待たれる。日本では1種が知られ、紀伊半島・田辺湾や高知県・柏島、慶良間諸島に分布する。

撮影地─高知県・柏島　水深─22.5m　全長─8cm　*No.218*

ホタテツノハゼ
Flabelligobius sp.

撮影地─高知県・柏島　水深─11m　全長─8cm　*No.219*

　両眼は接近し、眼の周縁に暗色の破線模様がある。背鰭、胸鰭を除き体色は一様に黒褐色。体側に褐色の幅広い横帯が現れることもある。項部はやや淡色。腹鰭と臀鰭の軟条に沿って輝青色線がある。警戒体勢では第1背鰭を扇状に開いて前傾させる。岩礁やサンゴ礁の砂底を好み、生息水深は10〜30m。日本では和歌山県・田辺湾や高知県・柏島に分布する。インド洋には本種によく似たヤツシハゼ属の1種Tall-fin shrimp goby（*No.314*）が分布する。

ホタテツノハゼ属 *Flabelligobius*

No.220

撮影地―インドネシア・バリ島　水深―9m　全長―6cm

ホタテツノハゼ属の1種
Flabelligobius latruncularius
[英] Fan shrimp goby

　頭や体前部がやや側扁し、頭幅が狭い。口はやや上向きで、下顎が上顎より長い。口角の後端は眼径の中央を超えない。前鼻孔はツボ状に突出するが、上顎の先端は超えないなどの特徴がある。全長は最大で10cmに達する。両眼は接近し、眼の上縁は淡赤褐色。背鰭以外の各鰭に顕著な模様はない。体側には周囲が不鮮明な茶褐色の楕円斑が4個縦列する。鰓蓋や腹側面には橙色の小円斑が多数ある。雌の第1背鰭は大きな烏帽子状で、黄褐色の長円斑があり、雄では第1棘〜4棘が糸状に長く伸びる。警戒体勢のときはこの第1背鰭を拡げる。尾鰭の下側は暗褐色。テッポウエビ類と共生する。岩礁やサンゴ礁の砂礫底を好み、生息水深は15〜25m。日本では未記録種。紅海、モルジブ諸島、バリ島などに分布する。

Gobiidae

119

Tomiyamichthys
オニハゼ属

　成魚の全長は10〜11cm程度。主に岩礁やサンゴ礁外縁の水深10〜30mの砂礫底や砂泥底に生息する。テッポウエビ類と共生し、エビの巣穴を利用する。体は棒状で細長い。背鰭前長（第1背鰭起部から吻端まで）が長いので、他の共生ハゼ類に比べると「首なが」に見える。両眼は接近し、上方に突出している。成熟した個体では眼の後方が隆起する。求愛時や生息環境によって体色や模様が変化する。行動は極めて敏捷。西太平洋に分布するが、多くの未記載種の検討や分布域については今後の研究が待たれる。日本では2種が知られ、小笠原諸島、東京湾から琉球列島にかけて分布する。

No.221

雄　撮影地―西伊豆・大瀬崎　水深―11m　全長―9cm

オニハゼ
Tomiyamichthys oni

頭や体前部がわずかに側扁する。口はやや上向きで、下顎が上顎より少し突出する。口角の後端は眼の後縁を超える。頭部を上から見ると左右の頬が膨張し、眼の後方では接近して溝ができるなどの特徴がある。全長は最大で10cm程度。眼の下方に褐色の斜帯があり、口角に達する。鰓蓋後部と鰓膜は暗褐色。地色は乳白色で、体側には周囲が不鮮明な暗褐色の大きな斑紋が4個ある。頂部や背側面には褐色の小点が多数ある。第1背鰭は四角形で、鰭膜には褐色小点があり、外縁の黒い縁取りが明瞭。体色や斑紋の形状は生息環境によりかなり変異がある。テッポウエビ類と共生する。岩礁やサンゴ礁の砂礫底にすみ、生息水深は15〜35m。日本固有種で、房総半島（館山湾）、伊豆半島、小笠原・父島、和歌山県、宇和海、高知県から沖縄島に分布する。

120　　　　　　　　　　Gobiidae

雌のオニハゼ　　　　　　　　　　　　　　　　　No.222
撮影地―小笠原諸島・兄島　水深―14m
全長―7cm

サンゴ礁の白いサンゴ砂底に生息している体色が白い　No.223
タイプのオニハゼ
撮影地―沖縄諸島・久米島　水深―19m　全長―9cm

ヒメオニハゼ
Tomiyamichthys alleni

外観はオニハゼに似るが、頬の膨らみはわずかに膨張する程度。全長は最大でも5cm。眼の下方にある短い褐色の斜帯は口角に達しない。体側には不定形な大小の暗褐色斑があり、頭から背側面に紫褐色の小点が多数ある。第1背鰭は三角形で、第1棘と第2棘だけが伸長することで、オニハゼと識別できる。テッポウエビ類と共生し、岩礁やサンゴ礁の砂礫底にすむ。生息水深は20〜30m。日本では高知県・柏島に分布する。

撮影地―インドネシア・バリ島　水深―9m　全長―8cm　No.224

撮影地―インドネシア・スンバ島　水深―14m　全長―3cm　No.225

オニハゼ属の1種
Tomiyamichthys sp.
[英] Rayed shrimp goby

ホタテツノハゼ（No.218, 219）と同様に前鼻孔がツボ状に突出し、下顎の先端を超える。全長は7.5cm程度。眼の下方、鰓蓋、腹部の中央などに黒褐色の横帯があり、これらの各帯が合併している個体では、体色の形状が「染め分け状」となる。尾柄部には淡褐色の小円斑が多数ある。褐色のモザイク模様のある第1背鰭は大きく、警戒体勢のときは扇状に開いて前傾させる。第1背鰭の第1〜4棘が長く伸び、第4、5棘の鰭膜の上方にコバルト斑があることで他種と識別できる。テッポウエビ類と共生し、サンゴ礁の砂礫底を好み、生息水深は10〜20m。日本では未記録種で、インドネシア海域に分布する。

Lotilia
オドリハゼ属

　小型のハゼで、成魚の全長は3.5cm前後。礁湖のような浅い場所の砂礫底を好み、パッチリーフの縁底周辺に生息する。テッポウエビ類と共生し、エビの巣穴を利用する。体はやや側扁し、背鰭前長が長いので一見して「頭でっかち」に見える。危険を感じていないときは、巣穴の付近やその上方でホバーリングをしている様子が見られる。体や鰭の一部が黒色で、吻端から第1背鰭起部にかけての背面は白色であるのが特徴。眼は小さい。行動は極めて敏捷。オドリハゼ属はオドリハゼ1種で、台湾、紅海、インド-西太平洋に分布する。日本では沖縄諸島と八重山諸島に分布する。

撮影地―サイパン島　水深―10m　全長―2.5cm　*No.226*

オドリハゼ
Lotilia graciliosa
[英] Graceful shrimp goby

　体はほとんどが黒色で、透明な第1背鰭と胸鰭、尾鰭を除いて他の鰭も黒色。吻端から第1背鰭基底部にかけての背面が白いのは極めて独特な色調で、水中ではよく目立つ。第2背鰭起部と尾鰭基部の背面側に白斑がある。第1背鰭の鰭膜中央に大きな黒色斑がある。テッポウエビ類と共生し、共生エビが巣穴の外にいても、危険を感じるとエビより先に隠れる程性格は鋭敏。平静時は巣穴の上でホバーリングをするので、この仕種（踊り）が和名の「オドリ」に由来している。生息水深は20m以浅。サンゴ礁の砂礫底にすみ、パッチリーフの縁周辺に多い。

Stonogobiops
ネジリンボウ属

　成魚の全長は3.5〜6.5cm。主に岩礁やサンゴ礁外縁の水深5〜45mの砂底や砂礫底に生息する。テッポウエビ類と共生し、エビの巣穴を利用する。頭から体側にかけて幅広い4本（種によっては5本）の黒色斜走帯があり、乳白色の地色と対照的なコントラストをなすのが顕著な特徴。しかし同属のヤシャハゼは体側に鮮やかな3本の朱赤色縦帯があり、他種とは明瞭に識別できる。第1背鰭前方棘の長さや模様によって種の識別が可能。同種がペアで巣穴を利用するが、他種との組み合わせも見られる。プランクトン食で、潮が動くと流れに向かってホバーリングをしながら捕食する。インド-西太平洋、サンゴ海、南太平洋に分布する。日本では4種が知られ、小笠原諸島、東京外湾（千葉県）から琉球列島にかけて分布する。

撮影地—西伊豆・土肥　水深—15m　全長—6cm　*No.227*

ネジリンボウ
Stonogobiops xanthorhinica
［英］Yellownose shrimp goby

　全長は6.5cm程度。地色は乳白色で、頭から体側にかけて4本の黒色斜走帯が明瞭。眼上から吻部にかけては鮮やかな黄色。第1背鰭は三角形で、前方の棘は伸長しない。各鰭膜に黒色域が多数あることでも、近似種のヒレナガネジリンボウ（*No.228〜230*）と識別できる。普通はペアで、テッポウエビ類と共生しているが、ときにはヒレナガネジリンボウと同居する例が知られる。プランクトンを捕食する。和名は飴菓子のひとつ「ネジリンボウ」にちなむ。岩礁やサンゴ礁の外縁部に続く砂底で見られ、生息水深は18〜25m。日本では千葉県から高知県、沖縄島に分布する。

Gobiidae

No.228
ヒレナガネジリンボウ
撮影地―東伊豆・川奈　水深―13m　全長―4cm

ネジリンボウ属 **Stonogobiops**

No.229

撮影地―東伊豆・川奈　水深―13m　全長―4cm

ヒレナガネジリンボウの幼魚
撮影地―マレーシア・マブール島　水深―19m　全長―1cm　No.230

ヒレナガネジリンボウ
Stonogobiops nematodes
[英] Black-rayed shrimp goby

全長は5cm。地色は乳白色で、頭から体側にかけて4本の黒色斜走帯が明瞭。眼上から吻部にかけて黄色がよく目立つ。第1背鰭の第1、2棘がよく伸長し、第1棘と第2棘にかかる鰭膜だけが黒いなどの特徴から、近似種のネジリンボウ（No.227）と識別できる。テッポウエビ類と共生し、普通はペアでいるが、ネジリンボウやヤノダテハゼ（No.260, 261）などとの同居例も知られる。また、数個体の幼魚が同一の巣穴に群がる例もある（No.230）。プランクトンを捕食する。サンゴ礁の外縁部に続く砂底で見られ、生息水深は7～25m。日本では三宅島、伊豆半島から高知県・柏島、琉球列島に分布する。

Gobiidae

Stonogobiops ネジリンボウ属

No.231

キツネメネジリンボウ
Stonogobiops pentafasciata

全長は4cm程度で小型。地色は乳白色で、頭から体側には5本の黒色斜走帯がある。特に眼を通る明瞭な黒色斜走帯がキツネメネジリンボウの特徴。第1背鰭は丸く、腹鰭の先端鰭膜が黒いことなどで、近似種のヒレナガネジリンボウ（No.228～230）やネジリンボウ（No.227）と識別できる。ペアでテッポウエビ類と共生する。これまでに他種との同居例は知られていない。プランクトン食。岩礁のある砂底で見られ、生息水深は15～20m。日本固有種で高知県・柏島、奄美大島に分布する。

撮影地—高知県・柏島　水深—32m　全長—4cm

No.232

ネジリンボウ属の1種
Stonogobiops dracula
［英］Dracula shrimp goby

全長は5.5cm前後。地色は乳白色で、後頭部から体側にかけて4本の黒色斜走帯が明瞭。水中では各斜走帯の間に赤桃色の細い斜走帯が見えることで他のネジリンボウ類と識別できる。眼上から吻部にかけては黄色。第1背鰭は丸く、後縁の黒色域が体側の第2黒色斜走帯とつながるのは本種の特徴。テッポウエビ（*Alpheus randalli*）と共生し、他種との同居例は知られていない。プランクトンを捕食する。サンゴ礁の外縁部に続く砂底で見られ、生息水深は15～37m。インド洋のモルディブ諸島やセーシェル諸島に分布する。

撮影地—モルディブ諸島　水深—19m　全長—10cm

撮影地—慶良間諸島　水深—19m　全長—4cm　No.233

ヤシャハゼ
Stonogobiops sp.
[英] White-rayed shrimp goby

地色は乳白色で、頭部には大きな朱赤色斑が4個、体側には3〜5本の朱赤色縦帯があり、極めて特徴的な体色をもつ。瞳の周縁は金色で美しい。第1背鰭の第1、2棘がよく伸長し、第3棘と第4棘にかかる鰭膜の上部に大きな黒斑がある。全長は6cmほど。和名の「ヤシャ」は頭部の朱赤色斑の特徴が「夜叉（鬼）」の化粧顔を連想させることにちなむ。テッポウエビ類と共生し、ペアでいることが普通。幼魚の観察例は極めて少ない。プランクトンを捕食する。サンゴ礁の外縁部に続く砂底で見られ、生息水深は15〜25m。日本では小笠原諸島、高知県・柏島、奄美大島、慶良間諸島、八重山諸島に分布する。

No.234

幼魚と成魚　撮影地—慶良間諸島　水深—13m　全長—3cm, 5cm

Gobiidae

Cryptocentrus
イトヒキハゼ属

　成魚の全長は6〜15cm。本属は種類が多く、生活環境も様々。主な種は、岩礁やサンゴ礁の水深10〜20mの砂泥底に生息する。また汽水域やマングローブ水域では潮間帯下部の砂泥地に、また内湾の水深40m付近の泥底に生息する種もいる。テッポウエビ類と共生し、エビの巣穴を利用する。体形や生態がダテハゼ属の種と類似し、水中での識別は難しいが、体や鰭の色彩や模様、斑紋などに着目するとよい。上顎と下顎の先端はほぼ同位置で、尾鰭の後縁が丸いなどの特徴がある。未記載種も多く、今後の分類学的研究が待たれる。インド-西太平洋、南太平洋、紅海、サンゴ海などの亜熱帯や熱帯海域に広く分布する。日本では12種が知られ、富山県以南、東京外湾（千葉県）、伊豆諸島から琉球列島にかけて分布し、琉球列島には種数が多い。

No.235

イトヒキハゼ
Cryptocentrus filifer
［英］Gafftopsail shrimp goby

　体はやや側扁する。眼は背面寄りにあって、両眼間隔が狭い。全長は12cmに達する。体側には5本の暗褐色横帯があり、各横帯の間にも不鮮明な横帯がある。水中では眼の後方から鰓孔始部にかけて紫褐色の斜帯が目立つ、頭部全体にコバルト色の小点が多数あることで、近似種のヒメイトヒキハゼと識別できる。第1背鰭の第1〜4棘が伸長し、第1棘と第2棘の鰭膜下方には明瞭な長円形の黒色斑をもつのが特徴。犬歯が鋭く、「噛みつきハゼ」の別名がある。テッポウエビ類と共生し、捕食時以外は巣穴の付近で定位する。内湾の砂泥底を好み、生息水深は15〜40m。日本では富山湾以南、千葉県から九州にかけて分布する。

撮影地―西伊豆・土肥　水深―18m　全長―9cm　写真：細田

ヒメイトヒキハゼ
Cryptocentrus sp.

若魚
撮影地　西伊豆・大瀬崎　水深—15m
全長—3.5cm　写真：御宿

No.237　　　No.236

外観はイトヒキハゼに似るが、成魚でも全長は5cm程度。体側には5本の暗褐色横帯が明瞭で、各横帯の間には不明瞭な褐色斑がある。水中では頭部が暗褐色、鰓蓋部だけにコバルト色の小点がわずかに見える。第1背鰭の第2棘が伸長し、第1棘と第2棘の鰭膜には長円形の黒色斑がある。第2背鰭と尾鰭の上葉部に暗褐色の明瞭な斜帯をもつことで、近似種のイトヒキハゼと識別できる。テッポウエビ類と共生し、捕食時以外は巣穴の付近で定位する。内湾の砂泥底を好み、生息水深は5〜20m。これまで日本だけから知られ、東京外湾（千葉県）、伊豆半島、駿河湾に分布する。

撮影地—西伊豆・大瀬崎　水深—15m　全長—3.5cm
写真：内山

撮影地—西伊豆・土肥　水深—17m　全長—8cm　写真：細田　No.238

シゲハゼ
Cryptocentrus shigensis
［英］Shige shrimp goby

全長は11cmに達する。頭部や体側には暗褐色や茶褐色の不定形な斑紋があるが、水中ではむしろ横帯として見える。第1背鰭はほぼ四角形で、第2背鰭には淡褐色の斜帯がある。尾鰭は、同属の他種が長円形で後縁が丸いのに対し、本種は後縁先端が伸びて尖ることが特徴。和名の「シゲ」は、魚類学者の田中茂穂に献名したもの。ダイバーによって近年その生息状況が明らかになった。テッポウエビ類と共生する。外洋に面した内湾の砂底で見られ、生息水深は15〜35m。日本では東京外湾（千葉県）、駿河湾、土佐湾に分布する。

Gobiidae

ヒノマルハゼ
Cryptocentrus strigilliceps
［英］Target shrimp goby

頭長や尾柄長がやや短かく、ズングリ型。全長は5cmほど。頭部や体側に暗褐色の不定形な斑紋があり、緊張すると頭部は小紋状、腹が帯状に変わる。体側には3個の暗褐色の楕円斑が縦に並ぶ。胸鰭に隠れた下側にも大きな1個の黒色円斑があり、和名の「ヒノマル」はこの円斑にちなむ。臀鰭には暗色の斜帯がある。テッポウエビ類と共生し、行動は比較的鈍い。サンゴ礁内湾のサンゴ瓦礫の多い底質を好む。生息水深は6m以浅。日本では八重山諸島に分布する。

撮影地―サイパン島　水深―9m　全長―6cm
No.239

タカノハハゼ
Cryptocentrus caeruleomaculatus
［英］Blue-speckled shrimp goby

外観はヒノマルハゼに似るが、体側中央に4個の黒色の小円斑が縦に並ぶこと、鰓蓋に紅色小点があることなどで識別できる。全長は5cm程度。和名の「タカノハ」は臀鰭にある暗色の斜走帯を「鷹の羽」模様に見たてたもの。テッポウエビ類と共生し、サンゴ礁内湾やマングローブのある汽水域の砂泥底にすむ。生息水深は6m以浅。日本では広島県、種子島、琉球列島に分布する。

撮影地―八重山諸島・石垣島　水深―3m　全長―3.5cm
写真：中本

No.240

No.241

クロホシハゼ
Cryptocentrus nigrocellatus

吻長は短い。全長は9cm前後。地色は茶褐色で、頭部や背側面に灰白色の鞍掛状斑がある。胸鰭基底から腹側にかけて多数の白色小円斑がある。鰓蓋にある大きな黒色の円形斑で他種と識別できる。和名の「クロホシ」はこの黒円斑にちなむ。臀鰭には暗色の斜走帯がある。テッポウエビ類と共生する。砂底を好み、礁湖にあるパッチリーフなどの縁に潜み、極めて臆病。生息水深は3～10m。日本では和歌山県、琉球列島に分布する。

撮影地―八重山諸島・石垣島
水深―10m　全長―6cm　写真：中本

イトヒキハゼ属 *Cryptocentrus*

雄（婚姻色）　撮影地—インドネシア・バリ島　水深—1.5m　全長—12cm

■オイランハゼ
Cryptocentrus singapurensis
［英］Pink-specked shrimp goby

口はやや上向きで、肥厚した下顎は上顎よりわずかに突出する。眼は背面寄りにあって、両眼は接近する。全長は15cmに達する。体側には後方から前方に向かう暗赤桃色の幅広の斜走帯がある。鰓蓋や腹部の周囲は明るいクリーム色。胸鰭を除く各鰭には紅赤色の斑点や線状紋が多数ある。頭部や背側面、尾柄部にはコバルト色の小点が多く散在する。イトヒキハゼ属のなかでこのような派手な体色をもつのは本種のみである。テッポウエビ類と共生し、捕食時は巣穴付近でよくホバーリングする。サンゴ礁の内湾やマングローブのある河口汽水域の砂泥底に生息するが、まれに圧倒的な数のいる生息地がある。生息水深は10m以浅。日本では琉球列島に分布する。

Gobiidae

Cryptocentrus イトヒキハゼ属

No.243

撮影地―パラオ諸島　水深―4m　全長―7cm

ギンガハゼ
Cryptocentrus cinctus
［英］Banded shrimp goby

体前部はわずかに側扁する。下顎と上顎はほぼ同長で、吻長が短い。眼は背面寄りにあって突出気味。全長は6.5cm程度。体色は2型が知られる。通常は灰白色の地色に2～3本の幅の広い暗褐色横帯があり、上顎と鰓膜のそれぞれの縁が黒いなどの特徴をもつ（写真左）。また黄変個体（写真右）は体や鰭など全身が黄褐色で、顕著な斑紋はない。かつて黄変個体は「コガネハゼ」としてギンガハゼとは別種扱いされていたが、外部の計数形質には差がなく、両種が同じ巣穴に同居するなどの観察例から同一種とされた。両型共に頭部や体前部、第1背鰭などに美しいコバルト色の小点が散在し、和名の「ギンガ」はこの小点を「銀河の星」に見立てたもの。テッポウエビ類と共生し、ペアでいることが多い。サンゴ礁の内湾や浅海の砂泥地にすむ。生息水深は5～15m。日本では奄美大島、八重山諸島に分布する。

Gobiidae

シロオビハゼ
Cryptocentrus albidorsus
[英] White-backed shrimp goby

体形の特徴はクロホシハゼ (No.241) に似る。全長は8cm程度。腹側が成魚は黒褐色で、幼魚はほとんど黒色。頤から吻を通り尾鰭基底までの背面全体が白く、この体色（背側と腹側）のコントラストが本種の特徴。共生エビの巣穴に潜んでいる場合も、正面からはこの白線が目立つ。水中では見にくいが、臀鰭には暗色の斜走帯がある。サンゴ礁の砂底を好み、礁湖にあるパッチリーフの縁に潜む。極めて臆病。生息水深は5～15m。日本では和歌山県、種子島、琉球列島に分布する。

撮影地—八重山諸島・石垣島　水深—20m　全長—4.5cm　写真：松村　No.244

No.245

フタホシタカノハハゼ
Cryptocentrus sp.
[英] Ventral-barred shrimp goby

体色は2型がある。通常は灰白色の地色に不定形の褐色斑が体側全体にある。眼の後方に黒褐色の短い縦帯があり、頬部に1対の黒色点（和名のフタホシの意）をもつなどの特徴がある (No.245)。黄変個体 (No.246) は体や鰭など全身が淡黄色。通常個体にある体側斑や縦帯、黒色点などは無いか、あっても不明瞭。両型共に頭部や体前部には水色の小点が散在する。全長は9cm前後。テッポウエビ類と共生し、サンゴ礁の内湾や緩傾斜砂泥地、河口汽水域などにすむ。生息水深は7～20m。日本では奄美大島、沖縄島に分布する。

撮影地—マレーシア・マブール島　水深—11m　全長—7cm

No.246

黄変個体　撮影地—フィリピン・ブスアンガ島　水深—10m　全長—7cm

Cryptocentrus イトヒキハゼ属

No.247

撮影地―マレーシア・マブール島　水深―6m　全長―5cm

若魚　撮影地―マレーシア・マブール島　水深―10m　全長―3cm　*No.248*

ホシゾラハゼ
Cryptocentrus sp.
［英］Light-banded shrimp goby

全長は6cmほど。水中での平常時は、頭部が淡褐色、体側は全体に黒褐色、腹部には3～4本の横帯が明瞭、吻から第1背鰭起部までの背面が淡褐色。緊張時には体色は黒色に変わる。第1背鰭の第1棘と第2棘の鰭膜には暗緑色の長円斑があるが、不明瞭なときもある。若魚では頬や口角部が白い（*No.248*）。頭部や体側に美しいコバルト色の小点が散在し、和名の「ホシゾラ」はこの様子を「星空」に見立てたもの。テッポウエビ類と共生し、巣穴の上でよくホバーリングをする。内湾やサンゴ礁の浅所、マングローブ水域などの泥底を好み、生息水深は2～15m。日本では奄美大島、八重山諸島に分布する。

撮影地―インドネシア・
　　　　　バリ島
　　　水深―20m
　　　全長―7cm

黄変個体
撮影地―モルディブ諸島
水深―20m　全長―7cm
No.250

No.249

イトヒキハゼ属の1種
Cryptocentrus sp.
[英] Black shrimp goby

全長は10cmに達する。体色には2型があり、通常個体(No.249)の地色は黒色か黒褐色。頭部や背面全体に灰白色の不明瞭な鞍掛斑がある。興奮すると斑紋は消失し、第1背鰭を立てて前傾させる。第1背鰭の鰭膜に淡黄色の部分があるので、扇子の骨のように見える。第1背鰭前方に輝青色の長円斑がある。黄変個体（No.250）は全体に黄褐色で、特に頭部と尾鰭は濃黄色。第1背鰭にある輝青色の長円斑は不明瞭。テッポウエビ類と共生し、通常はペアでいる。サンゴ礁の内湾や緩傾斜の砂泥地を好み、生息水深は7～25m。インド-西太平洋に広く分布する。本種を*Cryptocentrus fasciatus*とする図鑑もあるが、標本による検討は不十分。

撮影地―インドネシア・バリ島　水深―1.5m　全長―7cm　No.251

イトヒキハゼ属の1種
Cryptocentrus sp.
[英] Eight-banded shrimp goby

外観はタカノハハゼ（No.240）と似るが、頭部や体は太く丸みがある。眼の上縁には赤色の破線模様がある。全長は10cm程度。項部と体側には暗褐色や紫褐色の不定形の斑紋があり、背側面には紫褐色の鞍掛状斑が8個ある。英名の「エイト・バンデッド」はこの鞍掛状斑を意味する。頭部や体側にコバルト色の微小点が散在する。テッポウエビ類と共生し、内湾やサンゴ礁の砂泥底を好む。生息水深は6～10m。本種を*Cryptocentrus octofasciatus*とする図鑑もあるが、タカノハハゼとの比較検討が必要。インド-西太平洋に分布する。

Gobiidae

Column　ハゼとテッポウエビの深い関係

「共生ハゼ」という言葉が今ではもう当たり前のように普及しているが、正式には「テッポウエビ（類）と共生関係をもつハゼ（類）」を代表する言葉である。この分類学的にもかけ離れた動物間の共同生活の様子が公表されたのは今から約45年も前のことで、紅海での観察例によるものである。以来、主要なものだけでも40編を超える観察論文があり、1960年代以降から日本の沿岸域での事例が発表されてきた。

ハゼとテッポウエビの共生に見られる主な関係は、テッポウエビが隠れ家や繁殖のためにつくる生息孔（本文解説では巣穴としてある）をハゼに提供し、利用の恩恵にあずかるハゼはエビが遭遇する危険（主にエビの捕食者）から庇護する役目を果たすということである。この関係をタイミングよく実行するために、双方の間には一種の信号的システムを用いたコミュニケーションが発達している。視覚的能力の劣るテッポウエビは、生息孔から外に出るときに長い第2触角を必ずハゼの体や鰭に接触させ、エビにとって警護役のハゼから送られる「危険サイン」を受け取る準備を怠らない。一方、ハゼも自分の腹を満たすためにエビの生息孔から抜け出し、出入口から遠く離れない距離を保ちながら捕食と警戒をくり返す。双方の捕食者が接近したり、危険（ダイバーの撮影行動もその1つ）を察知するとハゼは背鰭や尾鰭（最終段階では尾柄部も）を微動させエビに信号を送る。長い触覚で信号を受けたエビはいち早く生息孔に戻り、危険が極限に達したときにハゼも頭から逃げ込むという連携プレーが双方の間に発達している。この関係は双方が利益を受けるので「相利共生」の例としてこれまでも紹介されてきた。

これまでに少なくとも68種のハゼ類と20種以上のテッポウエビ類の共生関係が知られており、そのうちのいくつかでは、テッポウエビが共生ハゼをクリーニングする事例も報告されている（アンカー, 2000）。エビとハゼの生態はダイバーの格好の被写体となっており、今後、熱心なダイバーにより両者のさらにおもしろい関係の発見が期待される。

No.252

ヤノダテハゼをクリーニングするテッポウエビの1種

Amblyeleotris
ダテハゼ属

　成魚の全長は6.5～12cm前後であるが、なかには20cmに達する大型の種もいる。種数が多く、主な種は岩礁やサンゴ礁の水深10～30mの砂泥底にすんでいるが、種によっては内湾の水深40m近くの泥底でも見られる。テッポウエビ類と共生し、エビの巣穴を利用する。体形や生態がイトヒキハゼ属と類似するが、体や鰭の色彩や模様、斑紋などに着目すると水中でも識別できる。下顎が上顎より少し前にでること、尾鰭は大きな長円形で、後縁の先が尖るものが多いなどの特徴がある。インド-西太平洋、南太平洋、紅海、サンゴ海などの亜熱帯や熱帯海域に広く分布する。未記載種も多く、今後の分類学的研究が待たれる。日本では12種が知られ、伊豆諸島、小笠原諸島、東京外湾（千葉県）から琉球列島にかけて分布する。

撮影地—西伊豆・大瀬崎　水深—11m　全長—11cm　　　　No.253

No.254

ダテハゼ
Amblyeleotris japonica

　全長は12cmに達する。項部と体側に赤褐色の5本の横帯があり、横帯の間には不鮮明な細帯がある。水中では眼の後方にある紫褐色の縦帯や、頭と背側面にあるコバルト色の小点が目立つ。第1背鰭は特徴ある烏帽子形。テッポウエビ類と共生する。大きな巣穴にはハナハゼ（No.395～397）などがよく逃げ込む。和名の「ダテ」は粋な体色と模様から「伊達者のハゼ」を意味する。岩礁やサンゴ礁に隣接する砂底を好み、生息水深は5～20m。日本固有種で、千葉県以南、対馬から鹿児島県にかけて分布する。

ハナハゼ（居候的存在）と同居
撮影地—西伊豆・大瀬崎　水深—14m　全長—10cm

Amblyeleotris ダテハゼ属

No.255

ミナミダテハゼ
Amblyeleotris ogasawarensis
[英] Red-spotted shrimp goby

全長は10cm前後。外観はダテハゼ (No.253, 254) に似るが、項部と体側にある5本の横帯が赤茶色であること、各横帯の間には水色の小点が多いこと、眼下に赤茶色の垂線があることなどで識別できる。第1背鰭は半円形で、水中では基底中央に小さな赤色斑がよく見える。テッポウエビ類と共生する。サンゴ礁の砂底を好み、生息水深は2〜35m。日本では、小笠原諸島、和歌山県、高知県、奄美大島、沖縄島、八重山諸島に分布する。

撮影地—サイパン島　水深—35m　全長—8cm

No.256

ヒメダテハゼ
Amblyeleotris steinitzi
[英] Steiniz's shrimp goby

他のダテハゼ類と比べると胴や尾柄部が短く、外観ではイトヒキハゼ属と見間違う。眼の上縁には黒色斑が3個並ぶ。ミナミダテハゼに似るが、項部と体側にある5本の横帯が淡褐色で、特に体前部の横帯は斜めであること、横帯間には淡黄色の細横帯があり、眼下に垂線がないことなどで識別できる。テッポウエビ類と共生する。サンゴ礁の砂底を好み、藻場のある砂底にもすむ。生息水深は2〜30m。日本では琉球列島に分布する。

撮影地—サイパン島　水深—30m　全長—8cm

雌　撮影地―
インドネシア・バリ島
水深―15m
全長―13cm
写真：吉野

雄・若魚　撮影地―
インドネシア・バリ島
水深―15m
全長―6cm
写真：吉野

No.258

No.257

ニュウドウダテハゼ
Amblyeleotris fontanesii
[英] Giant shrimp goby

成魚は全長が20cmを超える。項部と体側に茶褐色の幅広い5本の横帯があり、各横帯間には淡黄色の3本の細い横帯がある。幼魚の細横帯は淡褐色で鮮明。頭部には橙黄色の小点が多数ある。第1背鰭は半円形で、中央に大きな黒色斑があり、雌は雄より鮮明。また雄は第2背鰭と尾鰭の縁辺に暗色点列があるのが特徴(No.258)。テッポウエビ類と共生し、巣穴はすり鉢状で大きい。和名の「ニュウドウ」は、巨大な者を意味する「大入道」にちなむ。サンゴ礁内湾の泥底を好み、生息水深は15～25m。日本では奄美大島、沖縄島、西表島に分布する。

No.259

マスイダテハゼ
Amblyeleotris masuii

全長は9cm程度。外観はダテハゼに似るが、体側にある5本の暗褐色横帯の間に網目状模様があること、褐色の眼下垂線が1本あることなどで識別できる。第1背鰭は四角形で、第1、2背鰭の外縁は暗色点列で縁取られる。尾鰭の後方は細く尖る。和名の「マスイ」は、採集者の桝井昌智氏に献名されたもの。テッポウエビ類と共生する。サンゴ礁の砂底を好み、生息水深は2～30m。沖縄島や西表島からだけ知られていたが、インドネシア海域にも分布する。

撮影地―インドネシア・スンバ島　水深―31m　全長―7cm

Gobiidae

撮影地―八重山諸島・西表島　水深―30m　全長―8cm　写真：矢野　No.260

ヤノダテハゼ
Amblyeleotris yanoi
［英］Flag-tail shrimp goby

No.261

全長は11cmに達する。項部と体側には橙黄色の幅広い5本の横帯があり、腹側の横帯の色は薄い。横帯の濃淡は生息環境によって変異がある。尾柄後端の中心から橙黄色の縦帯が尾鰭末端に伸びる。尾鰭の上下葉は鮮黄色。尾鰭には青色の炎状模様もあり、これらの色彩は極めて特徴的。第1、第2背鰭には水色の小点が多数ある。テッポウエビ類と共生する。サンゴ礁の外縁部の砂底を好み、生息水深は6～40m。日本では八丈島、和歌山県、高知県、沖縄島、西表島に分布する。

撮影地―サイパン島　水深―35m　全長―10cm

Gobiidae

ダテハゼ属　**Amblyeleotris**

撮影地—高知県・大月町　水深—32m　全長—12cm　写真：松野

No.262

ズグロダテハゼ
Amblyeleotris melanocephala

全長は11cmに達する。項部と体側には黄褐色の幅広い5本の横帯があり、腹側まで色彩は明瞭。背側面に暗色点がわずかにある。本種の特徴は和名でも明らかなように、頭の前半部が暗色で、水中では濃紺色に見える。第1背鰭は四角形で、第1背鰭と第2背鰭の外縁が橙黄色の点列で縁取られる。テッポウエビ類と共生する。岩礁やサンゴ礁の砂底を好み、生息水深は15〜20m。近年（2000年）になって報告され、ダテハゼ属では稀種。日本では高知県と沖縄島に分布する。

撮影地—奄美大島　水深—10m　全長—10cm　No.263

ハチマキダテハゼ
Amblyeleotris diagonalis
[英] Diagonal shrimp goby

外観はミナミダテハゼ（No.255）に似るが、眼頂から眼を横切り上顎に達する細い褐色の斜走帯があること、眼の後方に細い茶褐色の斜走帯があること、項部と体側にある茶色の5本の横帯がすべて斜めであること、背側にある暗色点を除き各横帯間は無斑であることなどで識別できる。第1、第2背鰭には茶褐色の小円斑が点在する。体側の斜走帯は生息環境により濃淡がある。和名の「ハチマキ」は、頭部の輪掛け状にある斜走帯を「鉢巻き」に見立てたもの。全長は10cmに達する。テッポウエビ類と共生する。サンゴ礁の砂底を好み、生息水深は5〜15m。日本では、静岡県、高知県、琉球列島に分布する。

Gobiidae

ダンダラダテハゼ
Amblyeleotris periophthalma
[英] Broad-banded shrimp goby

眼の外周には黒色斑が5個ある。項部と体側には輪郭の乱れた黄褐色の5本の横帯がある。口角と鰓孔部に赤色斑があり、尾鰭下葉に暗色線があるのが特徴。和名の「ダンダラ」は、体側の「段だら」模様にちなむ。全長は11cm。テッポウエビ類と共生する。サンゴ礁外縁部の砂礫底を好み、生息水深は10〜30m。日本では和歌山県、高知県、奄美大島、沖縄島、西表島に分布する。

撮影地—インドネシア・バリ島　水深—5m　全長—9cm

クビアカハゼ
Amblyeleotris wheeleri
[英] Gorgeous shrimp goby

全長は6cmで小型。眼の上縁部には朱色斑が2個並ぶ。項部と体側にある6本の横帯は鮮やかな朱色ですべてが斜走帯。各横帯の間は黄色で、水中では頭部や体側のコバルト色の小点が明瞭。朱色横帯の幅は黄色帯の幅より広い。テッポウエビ類と共生する。サンゴ礁外縁部の砂礫底を好み、海草のある砂底でも見られる。生息水深は5〜20m。日本では小笠原諸島、高知県、琉球列島に分布する。

撮影地—沖縄諸島・伊江島　水深—15m　全長—8cm

ヤマブキハゼ
Amblyeleotris gutata
[英] Spotted shrimp goby

全長は8cm。眼の外周には黒色斑が4個ある。腹鰭は黒色。鰓膜や腹鰭の前域、腹部に大きな黒色斑があり、腹部では腹巻状。本種の特徴は和名でも明らかなように、頭部や体側、背鰭などに山吹色の斑点が多数あり、他種との識別が容易。第1背鰭棘の先端はわずかに糸状。尾鰭先端は伸長する。テッポウエビ類と共生する。サンゴ礁外縁部の砂礫底を好み、生息水深は6〜30m。日本では高知県、奄美大島、沖縄島、八重山諸島に分布する。

撮影地—インドネシア・バリ島　水深—11m　全長—10cm

ダテハゼ属　**Amblyeleotris**

No.267

ニチリンダテハゼ
Amblyeleotris randalli
[英] Randall's shrimp goby

成魚は全体に細長いが、若魚の体後半部は細く短い(*No.268*)。頭部に両眼を通り眼下に抜ける1本の横帯があり、項部と体側には6本の横帯がある。横帯は鮮やかな黄色でよく目立つ。横帯間にある淡黄色の破線状の横帯は不鮮明。第1背鰭は大きな半円形で、本種のトレードマークともいえる大きな眼状斑がある。警戒姿勢ではこの大きな第1背鰭を前傾運動させる。全長は成魚で8cmほど。テッポウエビ類と共生する。サンゴ礁外縁部の崖下にできる砂溜りを好み、生息水深は20～45m。日本では奄美大島、石垣島、西表島に分布する。

撮影地―パラオ諸島　水深―32m　全長―8cm

No.268

若魚
撮影地―八重山諸島・石垣島
水深―35m　全長―2.5cm

Gobiidae

Amblyeleotris ダテハゼ属

ダテハゼ属の1種
Amblyeleotris sp.
[英] Speckleback shrimp goby

外観はマスイダテハゼ（No.259）とよく似ているが、体側の黄褐色横帯のなかで5番目の最終横帯は幅が広く尾鰭基底より前方にあり、黄褐色横帯と各横帯間の幅は同じで、頰の両側に黒点がないことで識別できる。また眼下の暗色垂線は明瞭で、背側面に微小な暗色点が散在し、第1背鰭外縁は暗色の点列状などの特徴をもつ。全長は11cmに達する。テッポウエビ類と共生する。サンゴ礁外縁部の砂底を好み、生息水深は15～30m。バリ島、パラオ諸島、マーシャル群島に分布する。

撮影地—サイパン島　水深—33m　全長—8cm

No.269

No.270

ダテハゼ属の1種
Amblyeleotris gymnocephala
[英] Nakedhead shrimp goby, Masked shrimp goby

全長は10cmに達する。項部と体側には茶褐色の横帯が5本ある。乳白色の横帯間の幅は各横帯の2倍で、不鮮明な帯状模様がある。水中では眼の後方にある短い黒色縦帯がよく目立つ。下顎先端から頰の部分は暗色で、口角に黒色斑がある。第1背鰭は四角形で、第1、2背鰭と尾鰭の外縁は濃桃色。テッポウエビ類と共生する。サンゴ礁に隣接する内湾や河口域の砂底を好み、生息水深は8～25m。インド-西太平洋、パラオ諸島、マーシャル群島に分布する。

若魚　撮影地—インドネシア・バリ島　水深—23cm　全長—6cm　写真：吉野

No.271

撮影地—インドネシア・バリ島　水深—8m　全長—7cm

ダテハゼ属 *Amblyeleotris*

撮影地—サイパン島　水深—9m　全長—8cm

No.272

ダテハゼ属の1種
Amblyeleotris fasciata
［英］Red-banded shrimp goby

外観はクビアカハゼ（No.265）に似るが、体側の朱色横帯の幅が各横帯間の幅より狭いことで識別できる。クビアカハゼでは、突出した眼の上縁部に朱色斑が2個並んでいるが、本種にはない。全長は8cm程度。体側の6本の横帯は鮮やかな朱色で、すべてが斜走帯。頭部や体側には黄色の小円斑が多数ある。口角には朱色の小斑が明瞭。テッポウエビ類と共生する。サンゴ礁外縁部の砂礫底や海草の繁る砂底を好み、生息水深は5〜20m。インド-西太平洋、マーシャル・マリアナ海域の諸島に分布する。

No.273

ダテハゼ属の1種
Amblyeleotris latifasciata
［英］Metalic shrimp goby

全長は13cmに達する。地色は全体に暗褐色で、頭部と体側に赤茶色の幅の広い5本の横帯があり、各横帯間には橙色の不鮮明な細い横帯がある。頭部はメタリック感の強い紺色で、同色の斑点が頬から胸鰭基部に散在し、水中では特に美しく見える。第1背鰭の鰭膜全体に流れ紋様の赤色斑がある。山吹色の第2背鰭にも複雑な流れ紋が多数あり、尾鰭軟条に沿って放射状の橙色線がある。テッポウエビ類と共生する。サンゴ礁の外縁部の少し深い砂底を好み、生息水深は10〜40m。ジャワ海、セレベス海などの西太平洋に分布する。

撮影地—インドネシア・バリ島　水深—25m　全長—10cm

Gobiidae

Column ハゼと共生するテッポウエビの世界

　テッポウエビ類は甲殻十脚目テッポウエビ科に属する種類の総称であり、世界で32属約400種が知られ、十脚目では最も種分化の進んだ科の1つとされている。日本沿岸におけるテッポウエビ科の種組成の調査はまだ十分とはいえないが、野村・朝倉（1998）によれば、未同定種を除いた各地の分布種数は、慶良間諸島48種、九州西岸27種、紀伊半島串本64種、神奈川県（相模湾・東京湾）24種、日本海中部8種とされている。

　テッポウエビ科のなかで共生生活を行うものには、テッポウエビ属（ハゼ・カイメン類）、ヤドリエビ属（ウニ類）、ヤドカリテッポウエビ属（ヤドカリ類）、ツノテッポウエビ属（カイメン・六放サンゴ類・八放サンゴ類・ウミシダ類）などが知られる（野村・朝倉1998）。これらの多くのエビは無脊椎動物と片利共生を行うが、唯一テッポウエビ属は脊椎動物のハゼ類と相利共生を行う属である。テッポウエビ属は未記載種を含めて少なくとも300種からなるグループで、世界中の温・熱帯水域に分布し、特にインド–西太平洋に多くの種類が生息する。しかしテッポウエビ属の分類学的研究は極めて難しい状況にあり、近年ハゼと共生する多くの素晴らしい生態写真が撮られているにもかかわらず、種名については依然として「テッポウエビ属の1種あるいは未記載種」とされている。アンカー（2000）によれば、1）記載されている種類が多く、同物異名が多い、2）種内変異の把握が十分でない、3）多くの種の生態的な情報が不足している、などが研究を遅らせている原因としている。新種と思われるテッポウエビであっても種の検討を進めるためには「完全な標本」が必要となるが、水中写真が増えるだけで被写体となっている個体が研究者の手元には届かない。学術研究の進歩と写真情報の増大がここではまだうまく噛合っていないのが現状である。

　本コラムに掲載するためのテッポウエビ

No.274

テッポウエビの1種
Alpheus randalli

類の同定をお願いした野村恵一氏の私信によれば、「現在共生テッポウエビ類の分類は混沌とした状態にある。研究が進展すれば、種類は今の2倍以上に増え、また、学名もさま変わりする可能性がある」とされ、やはり専門家への標本提供がこれからの課題となることは間違いない。

ハゼと共生するテッポウエビはすべてテッポウエビ属 Alpheus に属し、テッポウエビ属は第1胸脚の大鉗（大きな鋏ツメ）の形態から7つの群（グループ）に類別される。そのなかでハゼと共生するのは、今のところテッポウエビ群とエドワールテッポウエビ群の2群に限られ、ハゼとの共生種の大部分は前者に含まれ、後者は知名度の高いテッポウエビの1種 Alpheus randalli（ランドールテッポウエビという俗称で知られる）だけである。ハゼとテッポウエビの共生関係はテッポウエビ群のある種類によって最初確立され、適応放散により分化を発展させたものと考えられる。エドワールテッポウエビ群のテッポウエビの一種 Alpheus randalli はテッポウエビ群とはまったく別系統ながら同じ生態（ハゼとの共生）を獲得した変わり種のテッポウエビといえる。

一方、種類の多いハゼのなかでテッポウエビ類との間に共生という生態的特化をなしとげたものにはイトヒキハゼ属、ダテハゼ属、シノビハゼ属などがいるが（別表を参照）、世界のハゼの総種数（淡水産を除いて約2000種以上：Nelson; 1994）のなかでは極めて限られた属や種が獲得した特異な生態である。テッポウエビの生息孔（巣穴）に初めハナハゼのような居候タイプのハゼがすみ着き、双方の間に長い時間をかけて共進化が起こり、やがて分業制が確立したと推測できるが、ハゼの系統進化とあわせて今後詳細な検証が必要と思われる。属の異なる数種のハゼと共生するテッポウエビがいる一方で、特定の属や種だけを好むテッポウエビがいるという事実も大変興味深い。

日本産共生ハゼの属とテッポウエビ類の組み合わせ [1]

共生ハゼの属	ハゼの種数 [2]	共生ハゼの種数	テッポウエビの既知種数
ホタテツノハゼ属	1	1	1
オニハゼ属	2	2	3（+）[4]
オドリハゼ属	1	1	1
ネジリンボウ属	4	4	1
イトヒキハゼ属	12	12	3（+）
ダテハゼ属	12	12	4（+）
シノビハゼ属	5	5	2（+）
ハゴロモハゼ属	2	2	1
ヤツシハゼ属	6	6	2（+）
カスリハゼ属	2	2	2（+）
ハラマキハゼ属	1	1	1
キララハゼ属	8	1 [3]	2（+）

1) 共生ハゼの属数と種数、テッポウエビの種数は野村（未発表）を参考にし、著者らの調査データを加えた。2) 属中のハゼの種数は明仁ほか（2001）に従った。3) キララハゼ属の共生ハゼはスジハゼで、テッポウエビとテナガテッポウエビとの共生が知られる。
4)（+）はテッポウエビの既知種以外に未記載種が含まれることを意味する。

No.275 ヒレナガネジリンボウと
ニシキテッポウエビ（**A. bellulus**）の温帯型

No.276 オニハゼとニシキテッポウエビ（**A. bellulus**）の
熱帯型

No.277 ヤマブキハゼと
コシジロテッポウエビ（**A. djeddensis** の近縁種）

No.278 クビアカハゼと
コシジロテッポウエビ（**A. djeddensis** の近縁種）

No.279 ハタタテシノビハゼと
コシジロテッポウエビ（**A. djeddensis** の近縁種）

No.280 キツネメネジリンボウと
テッポウエビ属の1種（**A. randalli**）

No.281 ヒメダテハゼとモンツキテッポウエビ（**A. djeddensis**）

No.282 ヒノマルハゼ
とトウゾクテッポウエビの1種（**A. aff. rapax**）

ギンガハゼとテッポウエビ属の1種（*Alpheus* sp.1） No.283

オドリハゼとテッポウエビ属の1種（*Alpheus* sp.2） No.284
[英]ダンスゴビーシュリンプ

キツネメネジリンボウとテッポウエビ属の1種 No.285
（*Alpheus* sp.3）[英]ラスティシュリンプ

ヤツシハゼとテッポウエビ属の1種（*Alpheus* sp.4） No.286

ダテハゼ属の1種（*Amblyeleotris gymnocephala*） No.287
とテッポウエビ属の1種（*Alpheus* sp.5）

フタホシタカノハハゼとテッポウエビ属の1種 No.288
（*Alpheus* sp.6）[英]アーマーシュリンプ

ニチリンダテハゼと No.289
テッポウエビ属の1種（*Alpheus* sp.7）

ニュウドウダテハゼとテッポウエビ属の1種 No.290
（*Alpheus* sp.8）[英]ジャイアントゴビーシュリンプ

（写真：吉野）

Ctenogobiops
シノビハゼ属

　成魚の全長は6.5〜8cm程度。主に岩礁やサンゴ礁の浅海、水深3〜15mの砂底やサンゴ瓦礫底などに生息する。テッポウエビ類と共生し、エビの巣穴を利用する。体は半透明で、体側にある茶褐色の点列状の縦帯が浮き出して見える。胸鰭の基部付近に輝きがある白色斑をもつのが特徴。警戒時でなくても第1背鰭を立ててよく動かす。下顎は上顎より前に出る。背鰭の形や模様、第1背鰭棘の長さなどで種の識別ができる。行動はやや敏捷なので、慎重に近づかないと巣穴にすぐ逃げ込まれる。インド–西太平洋、南太平洋、サンゴ海、紅海に分布する。日本では5種が知られ、琉球列島、小笠原諸島に分布する。

No.291

撮影地—マレーシア・マブール島　水深—6m　全長—6cm

シノビハゼ
Ctenogobiops pomasticus
[英] Gold-specked shrimp goby

　全長は6.5cmほど。頬と体側には淡褐色の大小の点列状の縦帯があり、体側中央の大きな点列斑は6個。水中では眼の後方から鰓孔始部にかけて水色の細い縦帯が目立ち、項や体前部には金色の小点がよく見える。胸鰭基部の下方に白色斑があるのが特徴。第1背鰭棘が伸長しないこと、臀鰭の基底部に点列斑をもつことで、近似種のヒメシノビハゼと識別できる。テッポウエビ類と共生する。礁湖やタイドプールのできる浅瀬の砂底を好み、生息水深は20m以浅。日本では小笠原諸島・父島、琉球列島に分布する。

ヒメシノビハゼ
Ctenogobiops feroculus
[英] Pale shrimp goby

頬と体側には淡褐色の点列状の縦帯があり、体側中央の点列斑は6個。臀鰭の基底部に点列斑がないことで、近似種のシノビハゼと識別できる。水中では眼の後方から鰓孔始部にかけて水色の細い縦帯が目立つ。胸鰭基部の下方に白色斑がある。第1背鰭の第1棘は伸長し、倒すと第2背鰭の中央にとどく。テッポウエビ類と共生する。全長は6cm程度。サンゴ礁の浅瀬の砂底を好み、生息水深は4〜20m。日本では小笠原諸島・父島、琉球列島に分布する。

撮影地—サイパン島　水深—16m　全長—6cm

No.292

ハタタテシノビハゼ
Ctenogobiops tangaroai
[英] Tangaroa shrimp goby

頬に2〜3本の細い破線状の橙黄色の斜帯があり、体側と臀鰭には橙色の点列状の縦帯がある。水中では頭部や体側にある白色や水色の小点が目立つ。胸鰭基部の下方に白色斑がある。第1背鰭の第1、2棘（鰭膜は黒色）は著しく伸長し、倒すとその先端は尾柄に達するので、他種とは容易に識別できる。全長は6.5cm前後。テッポウエビ類と共生する。サンゴ礁外縁部の砂溜りやサンゴ瓦礫を好み、生息水深は4〜40m。日本では琉球列島に分布する。

撮影地—インドネシア・スンバ島　水深—24m　全長—7cm

No.293

ホホスジシノビハゼ
Ctenogobiops crocineus
[英] Silver-spot shrimp goby

全長は6.5cmほど。頬と眼下に各2本の細い破線状の橙色斜帯が明瞭で、体側には赤褐色の点列状の縦帯がある。体側中央の点列斑は7個。水中では頭部と体側にある白色や水色の小点が目立つ。胸鰭基部の下方に白色斑がある。第1背鰭はやや三角形で、尾鰭は截型。テッポウエビ類と共生する。サンゴ礁内湾のサンゴ瓦礫が堆積した場所を好み、生息水深は4〜40m。日本では琉球列島に分布する。

撮影地—パプアニューギニア・ロロアタ島　水深—22m　全長—6cm

No.294

Gobiidae

Myersina
ハゴロモハゼ属 🌿🏖️

　成魚の体長は4〜10cm程度であるが、尾鰭が著しく長いハゴロモハゼ（特に雄）は、全長が6〜7cmになる。河口やマングローブの繁る潮間帯、アマモ場のある水深5m付近の内湾泥底などに生息する。軟泥底を好み、テッポウエビ類と共生し、エビの巣穴を利用する。潮止りで透明度が悪い時間帯では見つけにくい。頭や体はやや側扁する。口裂は深く上向きで、下顎は突き出る。各鰭は大きく、特に雄の第1背鰭は長い（雌は雄の3分の1）。尾鰭も大きく、後縁は直線的（メスは楕円形）。潮が動いているときに巣穴の上でホバーリングをしながらプランクトンを捕食する。動作は比較的緩慢。西太平洋に分布し、日本では2種が知られ、琉球列島に分布する。

雄（婚姻色）　撮影地—八重山諸島・西表島　水深—2m　全長—6cm　写真：矢野　No.295

ハゴロモハゼ
Myersina macrostoma

背中線上と体側に暗褐色の幅の広い縦帯がある。鰓孔始部付近にある黒色斑は大きく、眼の後方や眼下に輝青緑色の短い縦帯があり、いずれも水中ではよく目立つ。背鰭や臀鰭、尾鰭は大きさや形による雌雄差が明瞭。雄の第1背鰭は棘がよく伸び、第2背鰭中央付近に達し、尾鰭は大きなうちわ状。雌の第1背鰭棘はあまり伸びず、大きな尾鰭も後縁が丸い。第2背鰭には赤橙色斑が、尾鰭にはに赤色や黄色の縦帯がある。和名の「ハゴロモ」は、ホバーリングするときの優雅な鰭の動きを「羽衣の舞」に見立てたことにちなむ。テッポウエビ類と共生する、サンゴ礁の湾奥や河口のマングローブ水域の泥底を好み、生息水深は15m以浅。日本では奄美大島から八重山諸島にかけて分布する。

Gobiidae

ハゴロモハゼ属 **Myersina**

クロオビハゼ
Myersina nigrivirgata

全長は10cmに達する。眼の後方から体側中央を走る幅の広い黒褐色縦帯があり、背側面は暗緑褐色、腹側は乳白色。第1背鰭後縁部に暗色斑がある。ハゴロモハゼのように鰭の形状に大きな雌雄差がない。水中では、鰓蓋にある輝青緑色の小点が目立つ。本種には黄変個体が知られ、かつてヒメコガネハゼという和名で呼ばれていた。テッポウエビ類と共生し、プランクトンを捕食する。サンゴ礁の湾奥部の泥底を好み、生息水深は7〜20m。日本では石垣島と西表島に分布する。

左／雄 右／雌
撮影地―インドネシア・バリ島
水深―7m 全長―8cm

No.296

黄変個体 撮影地―インドネシア・バリ島 水深―9m 全長―8cm　　　　No.297

Gobiidae

153

Vanderhorstia
ヤツシハゼ属

　成魚の全長は7〜15cmと種により差がある。主に水深5〜30mの岩礁やサンゴ礁の砂泥底を好む。内湾のアマモ場などにも生息し、水深40m以深にすむ種もいる。テッポウエビ類と共生しているが、イトヒキハゼ属やダテハゼ属などほかの共生ハゼに較べて、エビと一緒に活動する場面を見かけることが少ない。体は細長く、わずかに側扁する。第2背鰭と臀鰭の軟条数が多く、基底長が長いのも特徴。

　尾鰭は細長い尖形か長円形。水中での識別には第1背鰭の形、体や鰭の色彩や模様、斑紋などに着目するとよい。巣穴の上方でホバーリングをしながら流れてくるプランクトンを捕食する。行動はやや敏捷。インド-西太平洋、南太平洋、サンゴ海に分布する。日本では6種が知られ、東京外湾（千葉県）、小笠原諸島から琉球列島にかけて分布する。

No.298

撮影地―インドネシア・バリ島　水深―8m　全長―6cm

ヤツシハゼ
Vanderhorstia ornatissima
[英] Ornate shrimp goby

　全長は6.5cm。頭部と体側には赤橙色や暗褐色の点列斑や不定形斑が多数ある。体側にある斑点の周囲には青色の縁取りや細い横帯などがあり、水中ではモザイク状に見える。頬や鰓蓋には青色や橙色の細い斜帯がある。生息環境によって体側の模様や色彩には変異が多い。第1背鰭の第3棘が糸状に伸びること、尾鰭の先端が尖るなどの特徴をもつ。テッポウエビ類と共生する。サンゴ礁の浅瀬の砂泥底を好み、生息水深は10m以浅。日本では愛媛県、高知県、琉球列島に分布する。

ヤツシハゼ属 **Vanderhorstia**

No.299

ヤジリハゼ
Vanderhorstia lanceolata
[英] Lanceolate shrimp goby

頭部や背側面には淡褐色の不定形斑があり、体側中央にある暗褐色の点列斑は明瞭で、大小の斑点が交互に並ぶ。第1背鰭の後縁に2〜3個の暗色斑がある。尾鰭の先端は尖り、中央に暗色縦線がある。和名の「ヤジリ」は、尖った尾鰭の形状が「鏃」を連想させることにちなむ。全長は6.5cm。テッポウエビ類と共生する。サンゴ礁内湾の砂泥底を好み、生息水深は3〜10m。日本では和歌山県、愛媛県、高知県、沖縄島、石垣島、西表島に分布する。

撮影地—インドネシア・バリ島　水深—17m　全長—6cm
写真：吉野

No.300

シマオリハゼ
Vanderhorstia ambanoro
[英] Ambanoro shrimp goby

全長は9cm。地色は透明感のある乳白色で、体側の上半部に黒色斑や黒色斜帯をもつのが特徴。鰓蓋と体側中央にある黒色の点列斑は大きく明瞭。水中では鰓蓋や体側、背鰭にある水色の小点や縦帯が目立つ。尾鰭は長円形で、上縁が淡紅色に縁取られる。第1背鰭は四角形で、基底部後方に小さい黒色斑がある。テッポウエビ類と共生する。サンゴ礁の内湾や海草類が繁る浅瀬の砂底を好み、生息水深は2〜20m。日本では琉球列島に分布する。

若魚
撮影地—奄美大島
水深—5m　全長—4cm

No.231

撮影地—インドネシア
・バリ島　水深—9m
全長—7cm

Vanderhorstia ヤツシハゼ属

左／雌　右／雄　撮影地―西伊豆・大瀬崎　水深―20m　全長―8cm　写真：赤堀 No.302

クサハゼ
Vanderhorstia sp.

全長は7cm。頬や鰓蓋に破線状の淡黄色斜帯が数本あり、体側上半部に輪郭の乱れた2本の黄色縦帯がある。眼の後から第1背鰭後端にかけて輝きのある水色縦帯が目立つ。雄の第1背鰭第1～4棘はよく伸びて長く、鰭膜には黄色の微小点が多数ある。第2背鰭と臀鰭の基底は長く、第2背鰭には淡黄色のさざ波模様が明瞭。尾鰭の先端は長く尖り、上・下葉にも黄色のさざ波模様がある。テッポウエビ類と共生する。サンゴ礁内湾の砂泥底を好み、生息水深は10～30m。日本では小笠原諸島・父島、千葉県から琉球列島にかけて分布する。クサハゼには何種類かが混同されているので、分類学的検討が進められている。

No.303

雄
撮影地―西伊豆・土肥　水深―16m
全長―6cm

ヒレナガハゼ
Vanderhorstia macropteryx

眼は大きく、瞳の周囲は金色。地色は透明感がある紫青色。体側上半部に不鮮明な淡褐色斑があり、体側中央には周囲が不鮮明な大きな5個の褐色斑が縦に並ぶ。項部や背側には黄色の小点が多数ある。頬には細い黄色縦帯と、上顎には鮮やかな朱色線をもつことが特徴。尾鰭は長円形で大きく、上葉には黄色小点が、下葉には線状の模様がある。緊張すると開いた第1背鰭を前傾させて威嚇する。全長は8cmほど。テッポウエビ類と共生する。内湾の砂泥底を好み、生息水深は20～35mとやや深い。日本では千葉県、神奈川県、静岡県、高知県、長崎県に分布する。

上　撮影地―西伊豆・土肥　水深―22m　全長―8cm
写真：細田

中　威嚇のポーズ　撮影地―西伊豆・土肥　水深―25m
全長―8cm　写真：千々松

下　若魚　撮影地―西伊豆・大瀬崎　水深―22m
全長―4cm　写真：御宿

Gobiidae

Vanderhorstia ヤツシハゼ属

No.307

撮影地—西伊豆・大瀬崎　水深—55m　全長—15cm　写真：御宿

キラキラハゼ
Vanderhorstia auropunctata

外観はヒレナガハゼ（*No.304~306*）に似ている。全長は15cmに達する。項部と体側には幅の広い5本の褐色横帯があり、腹側ではやや不鮮明。眼下にも褐色の斜帯がある。項や背側面には黄色の小点が散在する。背鰭にも黄色の小点が多数あり、第1背鰭後方の鰭膜に黒色斑があることで、ヒレナガハゼと識別できる。尾鰭は長円形で大きく、外縁は白く縁取られる。緊張すると第1背鰭を開き、胸を反らして頭部を上下に小さく振る動きをする。テッポウエビ類と共生する。内湾の砂泥底を好み、生息水深は20~50mとやや深い。日本では相模湾と伊豆半島に分布する。

No.308

撮影地—西伊豆・大瀬崎　水深—55m　全長—15cm
写真：御宿

Gobiidae

ヤツシハゼ属 *Vanderhorstia*

ヤツシハゼ属の1種
Vanderhorstia sp.
[英] Black-blotched shrimp goby

全長は6.5cm程度。外観はヤツシハゼ（No.298）に似ているが、体側の点列斑は中央の1列が明瞭で、ヤツシハゼのような不定形の斑紋はない。体側中央の点列斑の間には青色の細い横帯が明瞭。テッポウエビ類と共生する。サンゴ礁外縁の砂礫底を好み、生息水深は7〜15m。日本では小笠原諸島の記録（Myers, 1999）があり、ニューカレドニアやグアム島などに分布する。ヤツシハゼの若魚との見方もあるが、分類学的な検討が必要。

撮影地―サイパン島　水深―3m　全長―5cm　No.309

No.310

ヤツシハゼ属の1種
Vanderhorstia sp.
[英] Gold-barred shrimp goby

全長は8cmほど。体側には淡褐色の鞍掛状斑や不定形の斑紋があるが、個体により斑紋の濃淡は差が大きい。体側に多数の黄色横帯があることで、近似種のクサハゼ（No.302, 303）と識別できる。頬や鰓蓋には破線状の淡黄色斜帯が数本あり、眼の後方から背中線に沿って、輝きのある水色の縦帯もある。第1、2背鰭と尾鰭には黄色小点がある。テッポウエビ類と共生する。サンゴ礁内湾の砂泥底を好み、生息水深は20〜25m。日本では西表島に分布するが、伊豆半島からも記録された。海外ではパラオ諸島から知られる。

撮影地―西伊豆・大瀬崎　水深―26m　全長―4cm　写真：赤堀

No.311

ヤツシハゼ属の1種
Vanderhorstia sp.

体形はヤツシハゼ型で、体側中央には暗色の点列斑があり、黄色の小点も多数ある。第1背鰭は扇型で、縁辺は白く、鮮明な黒色帯や黄色斑がある。第1背鰭の独特な特徴から他種との識別が容易。透明な第2背鰭には黄色の細い縦帯が3本ある。尾鰭の先端は尖る。テッポウエビ類と共生し、サンゴ礁内湾の砂泥底に生息する。標本による分類学的検討が必要。日本からは未記録。海外ではインドネシアから知られる。

撮影地―インドネシア・バリ島
水深―15m　全長―6cm

Gobiidae

Vanderhorstia ヤツシハゼ属

ヤツシハゼ属の1種
Vanderhorstia sp.

体形はヒレナガハゼ型。全長は6cmほど。眼は大きく、瞳の周囲は金色。地色は透明感のある浅黄色で、体側の上半部には黄褐色の縦帯や斑紋がある。他種には見られない独特の模様をもつ。頂部には短い黄色縦帯と頬に黄色の長円斑があり、上顎にも鮮やかな黄色線がある。尾鰭は長円形で大きく、上葉部に黄色斑がある。テッポウエビ類と共生し、サンゴ礁外縁の砂礫底に生息する。標本による分類学的検討が必要。日本からは未記録。

撮影地—インドネシア・スンバ島
水深—31m　全長—6cm

ヤツシハゼ属の1種
Vanderhorstia sp.

体形はヒレナガハゼ型。全長は5cm程度。地色は透明感のある浅黄色で、体側には後方から前方に向かう茶褐色の5本の斜走帯がある。頭部や体側の上半部には黄色の小点が多数ある。鰓蓋と鰓膜にも短い明瞭な黄色線がある。尾鰭は大きな長円形で先が尖り、上・下葉には淡黄色線がある。テッポウエビ類と共生し、サンゴ礁外縁の砂礫底に生息する。標本による分類学的検討が必要。日本では久米島に分布する。

撮影地—沖縄諸島・久米島　水深—45m　全長—5cm
写真：川本

ヤツシハゼ属の1種
Vanderhorstia prealta
[英] Tall-fin shrimp goby

全長は雄が4.5cm、雌は3cmほど。雄は透明な胸鰭を除いて全体が黒色、頭部全体が微小な白点で被われる。口角に大きな白斑がある。第1背鰭は大きく、倒すと第2背鰭の後端まで伸長し、鰭膜はすべて暗褐色で、棘には青緑色の点列斑がある。尾鰭は大きなうちわ状。雌は全体に茶褐色で、第1背鰭棘長は雄の約3分の2。英名の「トール・フィン」は、雄の異常に長い第1背鰭を指す。テッポウエビ類と共生する。サンゴ礁の砂底を好み、生息水深は20～40m。モルディブ諸島に分布する。

雌　撮影地—モルディブ諸島　水深—23m　全長—3.5cm

Gobiidae

Mahidolia
カスリハゼ属

　成魚の体長は5～6.5cmで、雌より雄のほうが大きい。河口やマングローブの繁る潮間帯やアマモ場など、内湾の水深5～20mの泥底に生息する。テッポウエビ類と共生し、エビの巣穴を利用する。頭部や体は側扁し、体形は「頭でっかち」で胴長が短い。口裂が深く、口角は眼よりかなり後方に位置し、特に雄はこの傾向が顕著。各鰭が大きく、特に目立つ第1背鰭の形や斑紋が種の識別に有効とされてきたが、近年の研究では再検討が必要とされている。体の後半部に暗色の斜帯をもつのが特徴。巣穴の上でホバーリングをしながらプランクトンを捕食する。動作は比較的敏捷。インド-西太平洋、南太平洋、サンゴ海に分布する。日本では2種（分類学的再検討がおこなわれている）が知られ、東京外湾（千葉県）から琉球列島にかけて分布する。

No.315
雄
撮影地―サイパン島
水深―3m　全長―4cm
写真：木村(裕)

雌
撮影地―奄美大島　水深―14m　全長―4cm
No.316

カスリハゼ
Mahidolia mystacina
[英] Flagfin shrimp goby

　雄の全長は5.5cm（雌は雄より小さい）程度。雄の口角は眼の後端よりかなり後方（眼径の約2倍）で、雌は雄の約半分。水中では淡褐色の鰓蓋に橙色小点が目立つ。口吻部は白く、雌に顕著。体側には幅の広い茶褐色の斜走帯が6本あり、平静時は不鮮明だが、緊張すると明瞭になる。第1背鰭は大きく、前縁と後縁部に黒色斑があり、雄では第1、2棘がよく伸長する。和名の「カスリ」は体側にある斜走帯の模様を「絣」模様に見立てたことにちなむ。テッポウエビ類と共生し、捕食時によくホバーリングする。内湾の砂泥底を好み、生息水深は5～25m。日本では長崎県以南、千葉県から琉球列島にかけて分布する。

Gobiidae

撮影地―マレーシア・マブール島　水深―10m　全長―2cm　No.317

撮影地―サイパン島　水深―3m　全長―2cm　写真：木村(裕)　No.318

シマカスリハゼ
Mahidolia sp.

外観はカスリハゼ(No.315, 316)とよく似る。雄の全長は6cm(雌は雄より小さい)程度。雄の口角は著しく後方にあり、雌は雄の約半分。頭部には不定形な暗色斑があり、水中では鰓蓋にある橙色斑が雌ではよく目立つ。体側には幅広い紫褐色の斜走帯が6本あり、体後半部では輪郭が明瞭。緊張時は体色が黒くなり、斜帯が消失する。第1背鰭は大きく、鰭膜全体に帯状の模様があること、前縁に黒色斑がないことで、カスリハゼと識別できる。第1背鰭の後方に大きな輝青色斑があるのが特徴。黄変個体(No.319)も知られている。テッポウエビ類と共生し、捕食時にはホバーリングする。内湾の砂泥底を好み、生息水深は5〜20m。日本では徳島県、高知県、奄美大島、沖縄島、西表島に分布する。日本産のカスリハゼ属の分類については近年再検討がなされているが、学名については明仁ほか(2001)に従った。

黄変個体　撮影地―インドネシア・バリ島
　　　　　水深―8m　全長―5cm

No.319

Psilogobius
ハラマキハゼ属

　成魚の全長は3.5cm前後。サンゴ礁の浅海、水深5〜10mの砂礫底や砂泥底に生息する。テッポウエビ類と共生し、巣穴を利用する。シノビハゼ属に似ているが、頭部が大きく、体高も高い。口裂が深いのも特徴。腹部には和名の語源となる4〜7本の細い銀白色の横帯がある。胸鰭基部の上方にある白点が水中ではよく目立つ。行動はやや敏捷。東インド洋、サンゴ海に分布する。日本ではハラマキハゼ1種が八重山諸島に分布する。

No.320

ハラマキハゼ
Psilogobius prolatus

体はやや側扁し、細長い。口は上向きで、下顎は上顎よりわずかに短い。口唇が厚く、口角は眼より後方にある。背側面には淡褐色の斑点が、体側中央には大きさが不揃いな暗褐色斑が点列状にあり、頬には淡褐色や白色の斑点がある。水中では頭部や体側にある美しい輝青色点が目立つ。腹部に4〜7本の銀白色の細い横帯をもつのが特徴。和名の「ハラマキ」はこの腹部にある横帯を「腹巻き」に見立てたことにちなむ。テッポウエビ類と共生する。礁湖や内湾の砂底を好み、水深10m付近に生息する。

撮影地—サイパン島　水深—3m　全長—3.5cm　写真：木村(裕)

Amblygobius
サラサハゼ属

　成魚の全長は5〜10cm。主にサンゴ礁の浅海、水深5〜25mの砂泥底やサンゴ瓦礫底、内湾のアマモ場、マングローブ水域などに生息する。瓦礫の下にペアで巣穴を掘り、その周辺になわばりをもつ。ペアで巣穴から遠く離れたり、巣穴の上でホバーリングをする。小動物と一緒に捕食した砂泥を鰓蓋から流し出す行動は、サラサハゼ属に共通の行動。体はよく側扁し、吻部は丸みがある。口は小さく、筒状の前鼻管は突出しているのがよく見える。水中での識別には第1背鰭の形、体や尾鰭の色彩や模様、斑紋に着目するとよい。インド−西太平洋、南太平洋、紅海、サンゴ海などの亜熱帯や熱帯海域に広く分布する。日本では6種が知られ、伊豆諸島、小笠原諸島、和歌山県から琉球列島にかけて分布する。

No.321

サラサハゼ
Amblygobius phalaena
[英] Brown-barred goby

　雄は全長で10cmに達する。上顎の先は吻でわずかに覆われる。両眼間隔は広い。項部では赤褐色の小さな円形斑が並んでいる。頬には水色の破線状の細い縦帯が2〜3本ある。胸鰭基底の上にある瞳大の黒色斑はよく目立つ。体側には幅広い6本の横帯があり、各横帯の輪郭は水色。三角形の第1背鰭に黒色または暗青色の斑紋がある。尾鰭の上葉に黒色斑（数には個体変異がある）があることで、近似種のスフィンクスサラサハゼ（*No.325*）と識別できる。和名の「サラサ」は、全体の複雑な模様が「更紗」模様を連想させることにちなむ。サンゴ礁の下に巣穴を掘り、近くをペアでよくホバーリングしている。サンゴ礁の浅海や海草の繁る砂底を好み、生息水深は20m以浅。日本では琉球列島に分布する。近年、伊豆半島からも記録された（瀬能・道羅, 2002）。

雄（婚姻色）　　撮影地─インドネシア・バリ島　水深─4m　全長─9cm

No.322
雄
撮影地―サイパン島
水深―3m
全長―7cm

No.323
雌
撮影地―サイパン島
水深―3m　全長―6cm

No.324
若魚
撮影地―サイパン島　水深―3.5m　全長―4cm

Amblygobius サラサハゼ属

撮影地―インドネシア・バリ島　水深―6m　全長―8cm　　　　　　　　　　　　　　　　　　　　　　No.325

スフィンクスサラサハゼ
Amblygobius sphynx
［英］Sphynx goby

外観はサラサハゼ（No.321〜324）とよく似る。成魚の全長は8cmほど。地色は緑褐色で、吻端から背中線に沿って不規則な淡赤褐色斑が並ぶ。体側には暗緑褐色の6本の横帯があり、各横帯の間には水色の小点がある。雌の腹部には白色と緑褐色の短い横帯が交互にある。第1背鰭は四角形で黒色斑がないこと、尾鰭基底上の黒色斑は1個などの特徴でサラサハゼと識別できる。サンゴ礁の浅海で礫の多い砂底を好み、生息水深は20m以浅。日本では西表島に分布する。

No.326

ジュウモンジサラサハゼ
Amblygobius decussatus
［英］Crosshatch goby

吻部の外縁が黒く、前鼻管は細く長い。体側に淡橙色の4〜5本の細い縦帯があり、眼や頬を通過する縦帯は濃朱色で目立つ。また体側には縦帯と同色の細い横帯が10〜11本あり、和名の「ジュウモンジ」は、この縦帯と横帯が交差した模様にちなむ。水中では尾鰭基底にある朱色斑がよく見える。巣穴からはなれて中層を遊泳し、捕食の後で鰓孔から泥を流し落としながらホバーリングをする。全長は6.5cm。サンゴ礁内湾の泥場を好み、生息水深は3〜20m。日本では西表島に分布する。

撮影地：パプアニューギニア・ロロアタ島　水深―20m　全長―6cm

サラサハゼ属 *Amblygobius*

No.327

ホホベニサラサハゼ
Amblygobius nocturnus
[英] Nocturn goby

全長は6.5cm程度。細く黒い前鼻管の先端は朱色。体側には淡桃色の2本の細縦帯があり、眼を通過して第2背鰭基底の後方まで走る縦帯は濃朱色で目立つ。鰓蓋付近が桜色で美しく、和名の「ホホベニ」はこの色彩の様子にちなむ。尾鰭基底に朱色斑がなく、体側に横帯もないことで、近似種のジュウモンジサラサハゼと識別できる。尾鰭の先端はわずかに伸びる。中層をよく遊泳する。サンゴ礁内湾の砂泥底を好み、生息水深は3〜30m。日本では八丈島、小笠原諸島、琉球列島に分布する。

撮影地―サイパン島　水深―3m　全長―4cm

キンセンハゼ
Amblygobius hectori
[英] Hector's goby

上顎は吻で覆われ、吻端はよく尖る。地色は黒褐色で、吻部から始まる極めて細い3本の黄色縦帯がある。特異な色調は水中でもよく目立つ。和名の「キンセン」は体側の黄色縦帯を「金線」と見立てたことにちなむ。第1背鰭は第1、2棘が伸長し、鰭膜前方に黒色の長円斑があり、第2背鰭の基底中央にも大きな長円斑がある。第2背鰭の外縁は赤褐色。中層をよく遊泳する。全長は5.5cmほど。サンゴ礁のパッチリーフのある砂地を好み、生息水深は20m以浅。日本では琉球列島に分布する。

No.328

撮影地―奄美大島　水深―9m　全長―4cm

Gobiidae

Amblygobius サラサハゼ属

サラサハゼ属の1種
Amblygobius bynoensis
[英] Byno goby

全長は10cmに達する。地色は灰白色。頭頂には小さな黒褐色の長円斑が並んでいる。吻端から眼を通る黒褐色の縦帯があり、第1背鰭起部付近から不明瞭になる。胸鰭基部には黒色斑が明瞭。背側面には暗色の短い横帯があり、腹側は無斑。背鰭には水色の小点が多数ある。サンゴ礁の浅海で礫の多い砂底を好み、生息水深は10m以浅。日本では未記録。インドネシア、ジャワ島、北オーストラリアに分布する。

撮影地—インドネシア・バリ島　水深—4m　全長—8cm　No.329

No.330

サラサハゼ属の1種
Amblygobius esakiae
[英] Snoutspot goby

頭部には赤桃色の火炎模様があり、第1背鰭起部付近では斑点状。頬には破線状の暗赤色の斜帯がある。地色は灰褐色で、体側中央には尾鰭の後縁に届く暗赤色の縦帯が明瞭。背側には暗褐色の斑点がある。胸鰭基部は美しい水色。尾鰭は尖形。頭部や尾鰭の模様でホホベニサラサハゼ(No.327)と識別できる。全長は12cmに達する。サンゴ礁内湾や河口域の泥底を好み、生息水深は10m付近。日本では未記録。紅海、パプアニューギニア、パラオ諸島に分布する。

撮影地—インドネシア・バリ島　水深—10m　全長—10cm

撮影地—インドネシア・ロンボク島　水深—16m　全長—4cm　No.331

サラサハゼ属の1種
Amblygobius rainfordi
[英] Red-striped goby

全長は6cm前後。地色は暗緑色、頭部は黄緑色で、体側には吻部から始まる4本の朱色の細い縦帯がある。水中では背鰭基底付近の背面に並ぶ6~7個の白色斑がよく目立つ。第1背鰭は第1、2棘がよく伸長し、第2背鰭中央には大きな黒色の長円斑がある。第1背鰭は無斑で体側に白点があること、体側の縦帯は朱色で4本であることなどでキンセンハゼ(No.328)と識別できる。サンゴ礁外縁の崖棚にたまった砂地を好み、生息水深は6~30m。西部太平洋に分布する。

Asterropteryx
ホシハゼ属

　小型のハゼで、成魚でも全長は4〜5cm程度。主にサンゴ礁の浅海、水深5〜25mのサンゴ瓦礫底を好み、河口域の内湾泥底などにも生息する。泥底で生活する種のなかには巣穴を掘り、周辺になわばりをつくるものがいる。体は側扁し、体高が高い。頭部は丸みがある。前鼻管は黒く筒型。前鰓蓋部に鈍棘をもつことが特徴であるが、水中ではほとんど見えない。雄は背鰭棘の数本が糸状に伸びる。腹鰭は完全な吸盤でなく、左右に分かれる。未記載種の検討が必要なグループの一つ。インド−西太平洋、南太平洋、紅海、サンゴ海などの亜熱帯や熱帯海域に広く分布する。日本では4種が知られ、東京外湾（千葉県）、伊豆諸島、小笠原諸島から琉球列島にかけて分布する。

No.332

ホシハゼ
Asterropteryx semipunctata
［英］Starry goby

地色は透明感のある淡緑褐色で、背側面には暗褐色の鞍掛状斑があり、腹側には茶褐色の1対の小円斑が縦列する。眼下には暗色で不明瞭な垂線がある。第1背鰭の第3棘は糸状に伸長して、第2背鰭に届く。水中では体側や各鰭にある多数の蛍光色のような水色小点がよく目立つ。体側のものは縦列状。本州中部以北では全長5cmを超えるものもいる。タイドプールや転石の多い岩礁、サンゴ礁の礫底を好み、生息水深は15m以浅。日本では対馬以南、千葉県、小笠原諸島から琉球列島にかけて広く分布する。

雄　撮影地—西伊豆・土肥　水深—5m　全長—4cm　写真：細田

No.333

雄
撮影地—サイパン島　水深—4m
全長—4cm

Gobiidae

Asterropteryx ホシハゼ属

ヒメホシハゼ
Asterropteryx ensifera
[英] Blue-speckled rubble goby

外観はホシハゼ（No.332, 333）に似る。全長は最大でも4cm程度。地色は透明感のある淡緑紫色で、背側面には緑褐色で不定形な暗色斑がある。眼の後方から尾鰭中央にかけてある幅の広い紫青色縦帯が明瞭なときもある。腹側は一様に明色。眼下にある暗色垂線は不明瞭。臀鰭の下縁は暗色。水中では体側や各鰭にホシハゼより大きい水色小点がよく見える。サンゴ礁内湾のガレ場を好み、生息水深は6～30m。奄美大島、慶良間諸島、石垣島、西表島に分布する。

採集地—奄美大島
水深—17m　全長—3.5cm　写真：林

ヤノウキホシハゼ
Asterropteryx atripes
[英] Yano's starry goby

外観はヒメホシハゼとよく似る。全長は2.5cm程度。体色は暗色型と明色型があり、同一の生息場所で両色型が見られる。暗色型（No.336）は全体が暗黒紫色で、喉から腹面にかけては明色。明色型（No.335）は全体が灰白色で、吻端から眼を通り尾柄後端に届く幅の広い黒色縦帯がある。両型共に腹鰭は灰黒色または黒色で、他種の腹鰭の色彩と異なる点が特徴。水中では体側に多数ある美しい蛍光色のような青色小点がよく目立つ。海底から離れてよくホバーリングする。サンゴ礁内湾の傾斜のある砂泥地を好み、生息水深は20～25m。日本では奄美大島と西表島に分布する。

明色型
撮影地—奄美大島　水深—31m
全長—2.5cm

暗色型
撮影地—奄美大島　水深—24m
全長—2.5cm

Favonigobius
ヒメハゼ属

　成魚の全長は8cm前後。主に水深15m以浅の沿岸の砂泥底を好み、内湾のアマモ場や河口などにも生息する。周年見られるが、冬期は個体数が減少する。動作は俊敏で、危険を感じると砂中に隠れる。体は細長く円筒形。頭部は小さく、吻部が尖り、下顎は上顎より突出する。体側の中央には1対の黒褐色斑が5組縦に並ぶ。体色と模様は周囲の色とよく融合している。雄は第1背鰭棘の数本が糸状に伸びる。婚姻色が現れると、雄の頭部下面が黒くなる。朝鮮半島、中国、インド-西太平洋、南太平洋、サンゴ海に広く分布するが、近縁のミナミヒメハゼ属との混同も多い。日本ではヒメハゼ1種が知られ、北海道から琉球列島にかけて広く分布する。

No.337

雄　撮影地―西伊豆・大瀬崎　水深―5m　全長―8cm　写真：縋繩

雌　撮影地―西伊豆・土肥　水深―5m　全長―4cm　写真：細田　*No.338*

ヒメハゼ
Favonigobius gymnauchen
[英] Sharp-nosed sand goby

　全長は8cm程度。成熟した雄の第1背鰭の第2棘は糸状に伸びるが、雌は伸びない。両眼は接近している。眼下に水中では不明瞭な2～3本の細い斜帯がある。頭部や背側面は砂地模様で、鱗の輪郭が黒い網目状。体側中央には1対の黒色斑が5組縦に並び、尾鰭基底にある黒色斑だけは後方が2叉する。背鰭と尾鰭の上3分の2には茶褐色の小長円斑が並ぶ。繁殖期の雄の頭部は全体が黒色。内湾の砂底や汽水域、アマモ場に生息する。

Papillogobius
ミナミヒメハゼ属 🌊🔵

　成魚の全長は5～6cm。主に水深5m以浅の河口域の砂泥底に生息するが、サンゴ礁の砂浜干潟でも見られる。動作は俊敏で、危険を感じると砂中に隠れる。体は細長く、体側中央には1対の黒褐色斑が5組ある。雄の第1背鰭棘の数本が糸状に伸長するが、雌は伸びない。近縁のヒメハゼ属と比較すると体の断面は三角形（ヒメハゼ属は円形）。尾鰭基底上の黒色斑が丸いことでも識別できる。台湾、インド-西太平洋、南太平洋、サンゴ海に広く分布する。日本ではミナミヒメハゼ1種が、八重山諸島に分布する。

No.339

雌　撮影地―八重山諸島・西表島　水深―5m　全長―4cm

ミナミヒメハゼ
Papillogobius reichei
[英] Tropical sand goby

　外観はヒメハゼ（*No.337, 338*）に似る。頭部が小さく、胴から尾柄部にかけては細長い。下顎は上顎より突出し、吻部が尖る。全長は5～6cm。地色は透明感のある淡褐色。眼下の細い斜帯や斑紋は不明瞭。頭部や背側面の砂地模様は淡く、腹側には細い横帯がある。体側中央には1対の黒色斑が5組縦に並び、尾鰭基底上の1組は後方の黒色斑が円形であることで、ヒメハゼと識別できる。雄の背鰭と尾鰭の上葉には茶褐色の小長円斑が明瞭だが、雌はやや不明瞭。サンゴ礁内湾の砂底や河口汽水域などに生息する。

Oligolepis
ノボリハゼ属

　成魚の体長は4〜5cmであるが、尖形(せんけい)の尾鰭が長いので全長は8〜9cmに達する。砂泥底を好み、内湾のアマモ場や河口域などで見られる。泥底に巣穴を掘り、夜間は活動が活発になる。動作は比較的緩慢。体は側扁し、吻部は緩やかに曲がり、丸みがある。口は大きく、種によっては口角が眼の後縁をはるかに超える。頬には黒色の眼下垂線が明瞭。第1背鰭は大きく、棘の先端が糸状に伸びる。移動するときには第1背鰭をよく立てる。中国、台湾、インド−西太平洋、南太平洋に分布する。日本では2種が知られ、千葉県から琉球列島にかけて分布する。

ノボリハゼ
Oligolepis acutipennis

　全長は9cm程度。黒色の眼下垂線が喉部まで伸びる。体は透明感があり、頭頂や背側面には淡褐色の斑点が散在し、体側には不定形の茶褐色の斑紋が縦列する。第1背鰭と尖形の尾鰭はよく伸び、特に雄では顕著。水中では泥底に体を半分くらい埋めて潜んでいる。和名の「ノボリ」は、長く大きい第1背鰭の形状を「幟旗(のぼりばた)」に見立てたことにちなむ。マングローブが繁る汽水域や湾奥の水深10m以浅の泥底を好む。日本では千葉県、和歌山県、宮崎県、南西諸島に分布する。

No.340

雌　採集地—八重山諸島・石垣島　水深—2m　全長—7cm
写真：林

Redigobius
ヒナハゼ属

　小型のハゼで、成魚の全長は3〜3.5cm。主に河川の下流域から汽水域にかけて生息するが、水深10m付近の内湾泥底に生息する種もいる。軟泥底の上に木枝や葉が堆積した環境を好み、その下によく潜む。体はやや側扁する。成熟した雄と雌では頭部や口の大きさが著しく異なるのが特徴。雄では頭と口が大きくなり、口角は眼の後縁をはるかに超え、雌とは別種と見間違える。雄の第1背鰭の前方棘は長く伸びる。ホバーリングをしながらプランクトンを捕食する。台湾、インド−西太平洋、南太平洋に分布する。日本では2種が知られ、千葉県から琉球列島にかけて分布する。

No.341

ヒナハゼ
Redigobius bikolanus

　全長は3.5cmほど。地色は透明感のある淡褐色。鱗の外縁が暗褐色で、体側は網目状模様に見える。体側には濃淡のある黒色斑も点在する。頭部には輪郭が不明瞭な斑紋や斜線がある。成熟した成魚は頭部に著しい性差が現れる。河口汽水域やマングローブの生育する泥底を好み、沈木や落葉の下などに潜む。日本では神奈川県から琉球列島にかけて分布する。

雌　撮影地—静岡県・三保　水深—2m　全長—3.5cm

Gobiidae　173

Mugilogobius
アベハゼ属

　成魚の全長は3〜4cmで比較的小型。河川の下流域から汽水域の浅瀬に生息するもの、マングローブ水域や湿生植物の繁る水路などにも生息するものがいる。砂泥底に堆積する落葉や沈木、礫の下などによく潜む。アベハゼやナミハゼなど群がりをつくるものは日中によく活動するので、見る機会が多い。体は円筒状で、吻部が膨らむ。成熟した雄の頭部は、雌よりも大きい。細長い前鼻管が上顎に突出しているのが本属の特徴。水中での種の識別は第1背鰭の形、体や尾鰭の色彩や模様に着目するとよい。近年、分類学的な検討がなされ、種数が増えている。朝鮮半島、中国、台湾、フィリピンおよび西太平洋に分布するが、分布域の確認は充分ではない。日本では7種が知られ、石川県以南、宮城県から琉球列島にかけて分布し、八重山諸島には種数が多い。

アベハゼ
Mugilogobius abei
[英] Estuarine goby

　成熟した雄の頭部は、吻と頬の膨らみが目立つ。頬には不定形の暗色斑がある。地色は透明感のある紫褐色。体側の前半には数本の黒色横帯が、後半には2本の黒色縦帯がある。2本の縦帯は尾鰭基底でつながる。第1背鰭は第2、3棘がよく伸びる。和名の「アベ」は、魚類学者の阿部宗明博士に献名されたもの。河口汽水域の泥底を好み、沈木や落葉の下などに潜む。日本では石川県以南、宮城県から鹿児島県・種子島にかけて分布する。八重山諸島の河口汽水域には外観がアベハゼとよく似た同属のイズミハゼ *Mugilogobius* sp.が生息する。

No.342

採集地—三浦半島　水深—0.3m　全長—4cm　写真：林

No.343

ナミハゼ
Mugilogobius chulae

　垂直な眼下線があり、頬には不定形の暗色斑がある。地色は透明感のある淡褐色。後頭部から胸鰭基底の内側に向かう黒色斜帯と第1背鰭基底中央から胸鰭基底の内側に向かう黒色斜帯は、他の黒色斜帯より目立つ。体側にある網目状模様は独特で、同じ水域に生息する他種との識別は容易。尾鰭基底にある黒色斑は上下対象。第1背鰭の前方中央に眼径大の1対の黒色斑がある。マングローブの繁茂する河口汽水域に生息する。日本では琉球列島に分布する。

採集地—八重山諸島・石垣島　水深—0.5m　全長—4cm　写真：林

Acentrogobius
キララハゼ属 🌿🌊

　成魚の全長は4〜13cmと種により差が大きい。砂泥底を好み、河口につながる内湾の奥部から水深30m付近まで生息し、アマモ場や河口域、マングローブ域の水路などでも見られる。テッポウエビ類の巣穴を利用した共生例も確認されているが、不明な種が多い。動作は比較的緩慢だが、大型の甲殻類などを積極的に捕食する。体はやや側扁し、頭頂から吻部にかけての傾斜は緩やか。口は下顎がわずかに上顎より突出する。尾鰭は基本的には円形。水中での識別には体側や背鰭、尾鰭の色や模様に着目するとよい。キララハゼ属は、その和名にあるように、頭部や体側に輝青色小点が散在するのが特徴。朝鮮半島、中国、台湾、インド-西太平洋、南太平洋、サンゴ海などに広く分布する。日本では9種が知られ、北海道から琉球列島にかけて分布し、八重山諸島には種数が多い。

撮影地—西伊豆・大瀬崎　水深—6m　全長—8cm　写真：赤堀　　　　No.344

No.345

スジハゼ
Acentrogobius pflaumii
[英] Stripe goby

　全長で12cmに達する。体側中央には、長方形の4個の黒色斑が点列状にあり、その黒色斑を連結する暗色縦帯がある。頭部や背側には暗色で不明瞭な鞍掛状斑がある。水中では体側にある多数の輝青色小点がよく目立つ。鰓孔始部に黒色斑がある。眼から上顎に向かう暗色斜帯や頬部に2本の細い黒色縦帯があるのが特徴。テッポウエビ類と共生し、冬季には巣穴の中で越冬する個体もいる。沿岸浅海域のアマモ場のある砂泥底を好み、生息水深は15m以浅。日本では北海道から琉球列島にかけて分布する。スジハゼには水深20〜45mに生息し、体色の異なるスジハゼ類が知られ、分類学的な研究が進められている。

撮影地—静岡県・三保　水深—2m　全長—10cm

Acentrogobius キララハゼ属

セイタカスジハゼ
Acentrogobius multifasciatus

外観はスジハゼ（No.344, 345）と似るが、第1背鰭基底付近の体高が高く、尾柄高との差が大きいことで識別できる。全長は5cmほど。体側中央には1対の黒色斑が4組点列状にあり、頭部や背側には不明瞭な暗色の鞍掛状斑がある。雄の腹部は明色で、雌には5～6本の細い黒色横帯がある。臀鰭に暗色の斜帯があることも特徴。テッポウエビ類と共生する。サンゴ礁内湾の泥底や藻場周辺の砂泥底を好み、生息水深は3～20m。日本では沖縄島、石垣島、西表島に分布する。

採集地—八重山諸島・西表島　水深—8m　全長—5cm
写真：林

ホホグロスジハゼ
Acentrogobius suluensis

全長は7cm程度。体側中央には、4個の長方形褐色斑が点列状にあり、その褐色斑を連結する赤褐色縦帯がある。尾鰭基底上にある黒褐色斑が明瞭。頭部や背側に褐色斑が点在する。眼から下顎に届く黒褐色の斜帯や鰓蓋に明瞭な藍色斑があることが特徴。和名の「ホホグロ」はこの「藍色斑」にちなむ。第1背鰭第2棘の先端は伸長し、第2背鰭には暗赤色の楕円斑が多数並ぶ。サンゴ礁内湾や汽水域の泥底を好み、生息水深は3～15m。日本では西表島に分布する。

撮影地—サイパン島　水深—3m　全長—7cm

フタスジノボリハゼ
Acentrogobius moloanus

全長は6cm前後。地色は透明感のある淡褐色。体側中央には不規則な暗褐色斑が点列状にあり、その上の背側面にも褐色の小斑が点列状にある。和名の「フタスジ」は体側にあるこの2本の点列縦帯にちなむ。頬部には青色小点が散在し、体側中央では1列に並ぶ。眼から口角に届く黒褐色斜帯は水中でも明瞭。第1背鰭の第2棘は伸びる。サンゴ礁内湾の河口汽水域の泥底を好み、生息水深は5m以浅。日本では沖縄島、石垣島、西表島に分布する。

採集地—八重山諸島・西表島
水深—2m　全長—6cm　写真：林

Fusigobius
サンカクハゼ属

　成魚の全長は5.5〜9cm程度。主に岩礁の潮間帯下部から内湾の水深30m付近の砂礫底に生息する。大きめのサンゴ瓦礫やパッチリーフの下側に潜む。基本的には単独生活で、なわばりをつくるが、他の場所にもよく移動する。和名の由来にもなっているように体の断面が三角形。尾部は細い。吻部の傾斜は急で、口唇部が突出する。この特異な体形と第1背鰭をよく動かす行動が、サンカクハゼ属の特徴。

　第1背鰭の模様や斑点の位置が種の識別に有効。近年、本属に*Coryphopterus*を使用している海外の図鑑もあり、分類学的な検討が必要。台湾、インド-西太平洋、南太平洋、紅海、サンゴ海に広く分布する。日本では8種が知られ、小笠原諸島、東京外湾（千葉県）から琉球列島にかけて分布し、琉球列島に種数が多い。

雄　撮影地—インドネシア・バリ島　水深—6m　全長—5cm　　　　　　　　　　　　No.349

No.350

サンカクハゼ
Fusigobius neophytus
[英] Neophyte goby

　全長は5cm程度。体は透明感が強く、頭部や体側に暗赤褐色の小点が散在する。体側中央に赤褐色の長円斑が点列状に並ぶ。尾鰭基底中央には黒色斑がある。尾柄の中央に横長の暗色斑があるが、水中では確認しにくい。吻部や頬には淡褐色の短い斜帯が数本ある。第1背鰭は三角形で、前方の鰭膜に暗色斑があり、雄に顕著。和名の「サンカク」は、体の断面が三角形であることにちなむ。サンゴ礫や岩の多い砂底を好み、生息水深は20m以浅。日本ではトカラ列島、琉球列島に分布する。

雄　撮影地—サイパン島　水深—3m　全長—5cm

Gobiidae　　　　177

Fusigobius サンカクハゼ属

No.351

ヒレフリサンカクハゼ
Fusigobius signipinnis
[英] Signalfin goby

全長は5cm程度。体は透明感が強く、頭部や体側に暗赤褐色の小点があり、特に体側中央の点列斑は他よりも大きい。尾鰭基底中央には短い縦長の黒色斑がある。吻部と頬には褐色の短い斜帯が数本ある。第1背鰭は三角形で、先端は茶褐色。和名の「ヒレフリ」は、この第1背鰭を前後によく動かす特徴ある行動にちなむ。サンゴ礁内湾のサンゴ瓦礫や岩陰の多い砂泥底を好み、生息水深は3〜20m。日本では琉球列島に分布する。

撮影地—マレーシア・マブール島
水深—19m 全長—4cm

セホシサンカクハゼ
Fusigobius duospilus
[英] Twospot goby

サンカクハゼ(No.349, 350)に似るが、体高はやや低い。全長は5cmほど。体は透明感が強く、頭部や体側に暗褐色の小点が多数散在する。体側中央には1対の黒褐色斑が点列状に並び、尾鰭基底中央にも大きな1対の黒色斑がある。水中では体側にある多くの白色斑が目立つ。口角の後方の三日月型と、胸鰭基部の上方にある褐色斑はそれぞれ明瞭。第1背鰭の中央には暗色の垂直線が、後方には黒色斑がある。サンゴ礁や岩礁の砂底を好み、生息水深は40m以浅。日本では伊豆半島から琉球列島にかけて分布する。

撮影地—高知県・柏島
水深—11m 全長—4cm

No.352

Gobiidae

サンカクハゼ属 **Fusigobius**

No.353

撮影地―サイパン島　水深―4m　全長―7cm

No.354

ハタタテサンカクハゼ
Fusigobius inframaculatus
［英］Blotched sandgoby

体は透明感が強く、頭部や体側に橙黄色の大きな斑点が散在する。水中では脊柱にそって3個の黒色楕円斑が透けて見える。背側面には白色斑がある。尾鰭基底中央に眼径大の黒色斑があるのが特徴。眼から吻端に届く橙色の幅広の斜帯がある。頬には大きな橙黄色斑がよく目立つ。第1背鰭の第1棘が著しく伸長することで、他種との識別は容易。和名の「ハタタテ」は、この長い第1背鰭棘を「旗立て」と見なしたことにちなむ。全長は5cm程度。サンゴ礁の砂底を好み、生息水深は8〜20m。日本では奄美大島、慶良間諸島に分布する。

撮影地―インドネシア・バリ島　水深―18m　全長―3cm

Fusigobius サンカクハゼ属

No.355

ツマグロサンカクハゼ
Fusigobius sp.
[英] Flagfin sandgoby

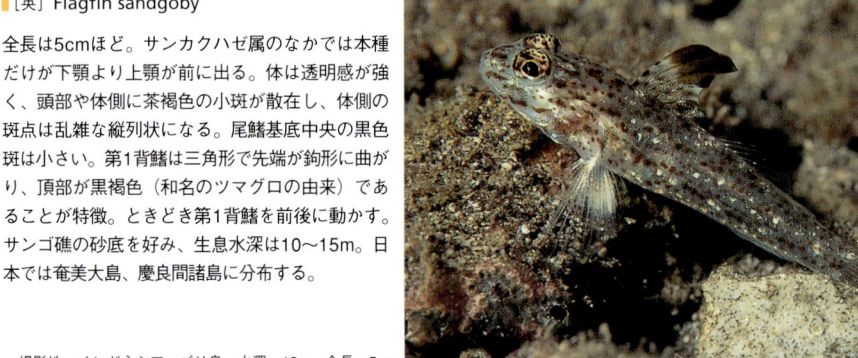

全長は5cmほど。サンカクハゼ属のなかでは本種だけが下顎より上顎が前に出る。体は透明感が強く、頭部や体側に茶褐色の小斑が散在し、体側の斑点は乱雑な縦列状になる。尾鰭基底中央の黒色斑は小さい。第1背鰭は三角形で先端が鉤形に曲がり、頂部が黒褐色（和名のツマグロの由来）であることが特徴。ときどき第1背鰭を前後に動かす。サンゴ礁の砂底を好み、生息水深は10～15m。日本では奄美大島、慶良間諸島に分布する。

撮影地―インドネシア・バリ島　水深―12m　全長―5cm

No.356

ゴイシサンカクハゼ
Fusigobius sp.

サンカクハゼ属のなかでは大型で、全長は9cm程度。体は透明感のある淡桃色で、頭部や体側に茶褐色の大きな斑点があり、頭部の斑点は体側のものよりさらに大きい。水中では脊柱にそって3個の暗色斑が透けて見える。第2背鰭や尾鰭にも瞳大の暗色斑がある。和名の「ゴイシ」は、体にある斑点が「碁石」を敷いたように見えることにちなむ。サンゴ礁の砂底を好み、サンゴ塊の下に潜む。生息水深は10～20m。日本では奄美大島、慶良間諸島に分布するが、稀種。

撮影地―慶良間諸島　水深―16m　全長―7cm

No.357

セスジサンカクハゼ
Fusigobius sp.

サンカクハゼ（No.349, 350）に似るが、体高はやや低い。全長は5cmほど。体は透明感が強く、頭部や体側には茶褐色の斑点が散在し、中央の点列状に並んだ斑点はほかよりも大きい。尾柄中央付近に暗色斑がないこと、第1背鰭前部に黒色の垂線をもつことなどで、近似種のサンカクハゼと識別できる。サンゴ礁や岩礁の砂底を好み、生息水深は20m以浅。日本では徳島県、高知県、琉球列島に分布する。ツマグロサンカクハゼ、ゴイシサンカクハゼと同様に、現在分類学的検討がなされている。

撮影地―インドネシア・バリ島　水深―12m　全長―5cm

Pandaka
ゴマハゼ属

　成魚の全長は1.5〜2cm程度と極めて小型で、雄より雌のほうが少し大きい。主に河川の下流域から汽水域に生息し、流れの緩やかなマングローブや湿生植物の繁る水路などにも見られる。日中は活発に活動し、中層や表層付近をよく泳ぐが、夜間は泥底に静止している。体は透明感があり、体側にある黒色斑や第1背鰭の黒、青、黄色とカラフルな色彩がよく目立つ。肛門付近から臀鰭基底部にかけてある黒色小斑の数で種の識別が可能だが、水中ではなかなか難しい。フィリピンおよび西太平洋、オーストラリアに分布する。日本では2種が知られ、和歌山県から琉球列島にかけて分布する。

No.358

ゴマハゼ
Pandaka lidwilli.

　成魚の全長が2cm以下の小型種。九州以北では琉球列島のものよりやや大きくなる。外観の特徴を水中で観察するには小さく、斑紋の特徴などは識別しにくい。体は透明感が強い。眼は大きく、幅広の眼下線が2本ある。尾鰭基底中央に黒色斑があり、その上下にある黄色斑は鮮やか。臀鰭基底中央から尾鰭基底部にかけて4個の黒色斑がある。和名の「ゴマ」は、「胡麻粒」のように小さいということにちなむ。河口汽水域を好み、中層に多数群がって生活する。生息水深は1m以浅。日本では対馬以南、和歌山県から琉球列島にかけて分布する。

撮影地―対馬　水深―1m　全長―2cm　写真：林

No.359

ミツボシゴマハゼ
Pandaka trimaculata

　ゴマハゼよりもさらに小さく、成魚の全長が1.5cm程度。外観はゴマハゼと極めてよく似る。体は透明感が強く、体側に黒色斑がある。幅広の眼下線が2本あり、前方の1本は明瞭。第1背鰭は三角形で前方は黒く、後方が橙黄色。臀鰭基底中央から尾鰭基底部にかけて3個の黒色斑があることで近似種のゴマハゼと識別できる。和名の「ミツボシ」はこの黒色斑を「三ツ星」に見立てたことにちなむ。マングローブや湿生植物の繁茂する河口汽水域を好み、流れの少ない場所の中層に多数群がって生活する。生息水深は1m以浅。日本では奄美大島から八重山諸島にかけて分布する。

採集地―八重山諸島・西表島
水深―1m　全長―1.6cm　写真：林

Gobiidae

Mangarinus
ウチワハゼ属

　成魚の全長は6cm前後。砂泥底を好み、河口域のマングローブが繁る水路や泥干潟に生息する。テッポウエビ類と共生し、泥中の巣穴にすむ。活動は潮が動く時間帯に活発だが、日中は巣穴に潜んでいることが多い。動作は比較的緩慢で、クネクネと動く姿はハゼ類とは思えない。体は円筒形で、頭は小さい。成魚の体色は一様に暗褐色。眼は上方にあり、非常に小さい。眼の直前に細長い前鼻管がある。尾鰭は長円形で、ヒラヒラさせる動きがうちわを連想させる。フィリピンやパラオに分布し、日本ではウチワハゼ1種が琉球列島に分布する。

No.360

ウチワハゼ
Mangarinus waterousi

　口は下顎がしゃくれ気味の上向き。体色は一様に暗褐色で、特徴のある斑紋はない。尾鰭は長円形で、和名の「ウチワ」はこの尾鰭の「うちわ型」にちなむ。全長が2cm以下の幼魚には、第1背鰭の前方に幅の広い白色横帯があり、尾柄部にも明色の細い横帯がある。テッポウエビ類と共生する。水深3m以浅のサンゴ礁の湾奥部や、マングローブ水域の泥底に生息する。

採集地―八重山諸島・西表島　水深―1m　全長―6cm
写真：林

Parkraemeria
ギンポハゼ属

　成魚の体長は5cm程度。サンゴ礁の砂底を好み、礁湖や干潟などに生息する。敏捷に動き、サンゴ砂の中によく隠れる。背鰭は1基（背鰭棘は6～7本）で基底長が長く、背鰭と臀鰭が尾鰭とはつながらないなどの特徴をもつ。体はやや側扁し、外観がイソギンポ類に似る（和名のギンポの由来）が、体は柔軟性に欠けている。体色や模様はサンゴ砂によく似ていて、砂に同化している。オーストラリア東岸に分布し、日本ではギンポハゼ1種が、八重山諸島に分布する。

No.361

ギンポハゼ
Parkraemeria ornata

　胸鰭と腹鰭が大きく、特に雄では顕著。繁殖期の雄は頭部が暗色、胸鰭と腹鰭は黒色で、胸鰭を広げて雌に求愛する。求愛時の雄は巣穴から体を出して得意なディスプレーを繰返す。普段は砂底に潜んでいることが多い。リンゴ礁の湾奥部や海草の繁る浅海の砂底を好み、生息水深は1m程度。

雄　撮影地―マレーシア・マブール島　水深―1m　全長―5cm
写真：平田

Discordipinna
ホムラハゼ属

　成魚の全長は3cmほど。主にサンゴ瓦礫が堆積する水深15～30mに生息する。普段は貝殻や瓦礫の下に潜んでいるためになかなか見つけにくい。独特な鰭の形状や色、体側の模様などは、他属のハゼ類では見られない。剣状に伸長する第1背鰭は、移動したり危険を感じると前方に倒して、振り動かす。第2背鰭と尾鰭にはよく目立つ眼状紋がある。インド・西太平洋、紅海に分布する。日本ではホムラハゼ1種が、琉球列島に分布するが、同所から未記載種と思われるものも知られている。

No.362

ホムラハゼ
Discordipinna griessingeri
[英] Spikefin goby

　頭部はわずかに縦扁し、体後部はやや側扁する。口は上向きで、下顎は上顎より前に出る。眼の外周には赤褐色の放射状模様がある。地色は白色で、腹側には赤褐色の幅広い縦帯が、背側には3本の細い橙黄色縦帯がある。頭部には暗褐色の斑点が散在する。第1背鰭棘は「幟旗状」でよく伸長し、鮮やかな赤橙色。移動するときは第1背鰭を前方に倒す。第2背鰭の基底部は赤橙色で、その上の透明帯をはさんで上には濃赤褐色の眼状紋が並んである。眼状紋の中心には黒点がある。尾鰭は中央が白色で、上葉には第2背鰭と同色の眼状紋があり、下葉全体は鮮やかな赤橙色。胸鰭は軟条先端がよく分枝し、先端部は赤橙色。和名の「ホムラ」は、各鰭の色彩と形状が「炎」を連想させることに由来する。サンゴ礁の棚奥やサンゴ瓦礫の下に潜み、生息水深は15～30m。日本では琉球列島に分布し、稀種。

撮影地―奄美大島　水深―30m　全長―2cm

Gobiidae

No.363
ホムラハゼ
撮影地―奄美大島　水深―30m　全長―2cm

ホムラハゼ属 *Discordipinna*

No.364

ホムラハゼ属の1種
Discordipinna sp.

全長は2.5m。外観や各鰭の特徴はホムラハゼに似る。地色は白色で、体側の下方には茶褐色の縦帯、体側の上方には6本の細い淡褐色の縦帯と瓢箪型の茶褐色の大きな斑紋がある。頭部には淡褐色の微小斑が多数ある。橙黄色の第1背鰭は棘がよく伸長し、前縁には褐色の斑点が縦に並んでいる。胸鰭は軟条の先端がよく分枝し、基部は白色。サンゴ瓦礫の下に潜み、生息水深は35m付近。沖縄島に分布する。標本による分類学的研究が望まれる。

撮影地―沖縄島　水深―35m　全長―2.5cm　写真：蓮尾

Column 和名の由来をチェックしよう

　本ガイドブックの解説文のなかで、ハゼの和名に関する由来をできるだけ多く紹介した。魚名については古典的な「名所図絵」などに記されているものから、その地方で多獲される名物としての古典名など、歴史の古い和名が少なくない。しかし日本の沿岸から知られる約3600種の魚名のうち大部分は研究者によって和名がつけられており、その和名の由来については様々な意味が含まれている。和名は普通全国共通の「標準和名」のことであり、図鑑や専門書などで使用される。しかし和名には地方名なども含まれているので、標準和名であっても地方名がそのまま用いられている場合がある。学名は標本に基づく分類学的検討と国際命名規約により変更されることもあるが、標準和名については魚種そのものに与えられた名称であるので変更されることはまずない。魚名に関する名著、澁澤敬三の「日本魚名の研究」によれば、魚名の起源は2大別され、自然状態の観察による命名（生息場所、形態、色彩、紋様、大きさ、行動と習性、発音、季節、性別、年齢、味、毒の有無、魚体の部分の特徴、多産する地名など）と社会事象や事物連想が基準となる命名（形態や色彩と他の事物との類似性、民間信仰との関連、伝説や説話など）が多いとしている。

　ところで「ハゼ」という呼名はハゼ科の魚の総称であり、昔から全国に広く分布しているにもかかわらず、徳川時代以前の文献には「ハゼ」は出てこない。理由は雑魚・下魚として扱われていたためと考えられる。呼名は古く「沙魚（はせ）」という字をあてるのが普通で、地方名のチチブやチチコに代表される「幼少の陰茎の形に似る魚」という語源になる。命名者はきっと川遊びの好きな腕白だったのかもしれない。

Gobiidae

Tridentiger
チチブ属

　成魚の全長が7～8cmで主に浅海性のグループと、全長が10～12cmに達する汽水性または淡水性のグループとがある。浅海性のものは、岩礁の潮間帯下部から内湾岸寄りの水深5m付近の転石下に生息する。タイドプールや岸壁の隙間、カキ殻の中にも潜む。潮が動いてプランクトンや浮遊物が多くなると、ホバーリングをしながら活発な捕食活動をする。初夏に転石下の天井面や貝殻の内面に産卵し、雄が保育する。「典型的なハゼ型」という体形はクモハゼ属と同様。外観の特徴では、頭部の模様や臀鰭の縦帯の有無が種の識別に有効。成熟した雄の頬は膨張し、体には黒っぽい婚姻色が現れる。幼魚では体側にある縦帯が明瞭。朝鮮半島、中国、台湾、香港に分布し、日本では淡水性、汽水性の種をふくめて7種が知られ、北海道から琉球列島に分布する。

No.365
縦帯型
撮影地—静岡県・三保
水深—3m
全長—8cm

シモフリシマハゼ
Tridentiger bifasciatus
［英］Two striped goby

全長は8cm程度。体は円筒形で、胴部は太く丸みがある。両眼間隔は幅が広い。雄の口角は眼の後縁に達し、雌では眼の前縁付近。成熟した雄は頭頂や頬が膨らむ。胸鰭の最上鰭条が遊離する。頭部の側面から下面にかけて、和名の「シモフリ」に由来する「霜降」状の不規則な白点が密にある。臀鰭に明瞭な縦帯はない。婚姻色の現れた雄は、全身が暗色で、胸鰭基部に淡黄色の三日月斑が明瞭になる。浅海の岩礁や転石地、汽水域を好み、生息水深は潮間帯の下部。日本では北海道から九州にかけて分布する。

No.366

横帯型　撮影地—静岡県・三保　水深—3m　全長—7cm

チチブ属 Tridentiger

アカオビシマハゼ
Tridentiger trigonocephalus
[英] Two striped goby

全長は7cm程度。胸鰭の最上鰭条が遊離しないこと、頭部の側面には大きな白点がまばらにあるが、下面にはないこと、臀鰭に2本の明瞭な赤色縦帯（和名のアカオビの由来）とその中間に白色縦帯があるなどの特徴でシモフリシマハゼと識別できる。縦帯のある個体（No.367）は、背側面の黒色縦帯と頭部を鉢巻状に包み体側中央の黒色縦帯につながる2本が明瞭。横帯のある個体（No.368）は、体側の2本の縦帯は不明瞭で、中央の縦帯を横断するH状横帯が明瞭。婚姻色の現れた雄は、頭部が膨らみ、全身が暗色になり、胸鰭基部に淡黄色の三日月斑が鮮やかになる。浅海の岩礁や転石地を好み、カキ殻などの内面に産卵する。生息水深は潮間帯の下部。日本では北海道から九州にかけて分布する。

No.367
縦帯型　採集地―神奈川県・小網代湾　水深―1m　全長―5cm　写真：林

No.368
横帯型　撮影地―静岡県・三保　水深―3m　全長―6cm

Gobiidae

Column 奥が深いハゼの生活史

　毎年のようにハゼ類は世界各地から新種の発見報告がなされ、図鑑などの製作に際して各グループごとにかなり網羅したつもりでいても、出版した直後にもう新種が発表されるというケースは珍しくない。そのなかには日本固有種というハゼがいまだに含まれるので、実に「限りの無い」研究対象魚といえる。同一の系統群のなかでこれだけ多数の種類を含んでいる魚はほかになく、適応放散の限りを現在も続けている一大特化群である。

　生態的には、底生生活を送り、移動性に乏しい定住性で、動物食を主とした雑食性という特徴をもち、生理的には、広温性・広塩性・耐乾性を備えている。

　ハゼの生活史について見ると、いずれの種類も非球形の沈性付着卵を産み、卵から孵化した仔魚は大部分の種類が沿岸域で1～2ヶ月間の浮遊生活を送り、その後に底生生活へと移る。形態的にはこの頃に変化をとげて稚魚・若魚期を迎える。それぞれの生活域に達すると「群れ生活」を終えて底生の「単独生活」に入り、やがて成熟する。一般に水中で「ハゼ」と解るのは、それぞれの種に見られる様々な形態が完成する若魚期からであって、それまでの浮遊生活期のハゼは見られる機会がまず無い。

　このように稚魚・若魚期における浮遊生活から底生生活へという生活型の変化とそれにともなう形態上の大変化は、ハゼ一般に広く見られる生活史上の特徴であるが、なかには生活史初期に見られるこのような変化なしに生活史を終えるものも知られてきた。これらのハゼは終生「浮遊生活」を送り、稚魚・若魚期における形態上の変化をすることもなく、幼形をとどめたままの形態で成魚となるので「幼形成熟型」のハゼといわれている。日本では、ニクハゼ、イサザ（琵琶湖特産種）、ゴマハゼ、チャガラ、シロウオなどがおり、これらのハゼは群れで生活水域の中・下層を浮遊し、浮遊性の動物プランクトンを食べる（一般のハゼは単独生活・雑食性）という共通点がある。また幼形成熟型のハゼは生後満1年で成熟するという点でも共通している。

　最近の研究では「最も幼形的なハゼ」といわれるシラスキバハゼ *Paedogobius kimurai* が報告され、生活史だけでなく凄みのある雄の顔も話題になった。しかも雌の成熟体長は約1.4cmで、体長では既知のハゼ亜科中最小クラスといえる。形態的には第1背鰭と腹鰭がなく、鼻孔が1つという点で外見上は一般のハゼの稚魚と変わるところがない。また産卵後の雌は性転換をして体長1.6cmくらいの雄（二次雄）になる。

　この雄は腹鰭をもち、両顎には大きく鋭い犬歯がある。その後の生態観察によると二次雄はこの鋭い犬歯を使って軟泥を掘り下げ、生息孔をつくるという。またこの二次雄とは別に未成熟な一次雄も同居するという変わり種の生活史を送るハゼなのである。また最も新しい文献では、やはり幼形成熟型の魚であるシラスウオ *Schindleria* sp. がハゼ亜目の特殊な1群として加わってきた。生活史の側面から見たハゼにはまだまだ謎が多い。

オオメワラスボ科
Microdesmidae

スズキ目 PERCIFORMES
　ハゼ亜目 GOBIOIDEI
　　ツバサハゼ科 Rhyacichthyidae
　　ドンコ科 Odontobutidae
　　カワアナゴ科 Eleotridae
　　ヤナギハゼ科 Xenisthmidae
　　ハゼ科 Gobiidae
　　スナハゼ科 Kraemeriidae
　　オオメワラスボ科 Microdesmidae
　　シラスウオ科 Schindleriidae

Gunnellichthys
オオメワラスボ属

　成魚の体長が6〜8cm。サンゴ礁や岩礁の浅海域に生息し、海草が繁る砂底や砂礫底を好む。生息水深が60mという記録もある。遊泳性で海底から少し離れ、主に体の後半部をくねらせながら移動とホバーリングを繰り返す。危険を感じると素早く砂中に隠れる。体は細長い紐型。胸鰭の上方から始まる背鰭は1基(背鰭棘は20〜22本)で、基底長が著しく長い。背鰭と臀鰭は尾鰭とはつながらない。下顎は上顎より長く、先端が上向きにしゃくれているのが特徴。体側にある縦帯の有無、位置や色彩などで種の識別は容易。インド-西太平洋、南太平洋、サンゴ海(オーストラリア東岸)に分布する。日本では4種が知られ、東京外湾(千葉県)から八重山諸島にかけて分布する。

No.369

オオメワラスボ
Gunnellichthys pleurotaenia
[英] Onestripe worm-goby

　全長は8cm程度。口はやや小さく、下顎は上顎より突出し、丸みのある下顎の先端は肥厚し、上顎をわずかに覆う。体は透明感が強く、地色は乳白色。項部から背中線を通る暗色の細縦帯と吻から眼を通り尾鰭基底に届く明瞭な暗褐色の縦帯が特徴。成熟した雄では体後半部と尾鰭の色彩には黄色が強調されてくる。海底より少し離れ、長い体をくねらせながらよく泳ぐ。潮が動くときにホバーリングをしながらプランクトンを捕食する。サンゴ礫のある浅い砂底を好み、生息水深は3〜10m。満潮時は海草の繁茂する潮間帯の水域でも見られる。日本では沖縄島、石垣島、西表島に分布する。

撮影地―沖縄諸島・伊江島
水深―2m　全長―6cm
写真：御宿

Microdesmidae

No.370

ニシキオオメワラスボ
Gunnellichthys curiosus
[英] Curious worm-goby

全長は10cmに達する。体は透明感が強く、地色は淡青色。項部から背中線を通る暗褐色縦帯と、吻から眼を通り尾鰭基底に届く明瞭な黄色縦帯が特徴。鰓孔の上にある黒色斑と尾鰭基底の長円形の黒色斑があることで、近似種のオオメワラスボと識別できる。単独よりも小集団で見ることが多い。海底より少し離れ、長い体をくねらせてよく泳ぐ。サンゴ礁外縁部の砂底を好み、生息水深は10〜60m。日本では伊豆半島、高知県、沖縄島、慶良間諸島、西表島に分布する。

撮影地—サイパン島　水深—30m　全長—6cm

No.371

クロエリオオメワラスボ
Gunnellichthys monostigma
[英] Onespot worm-goby

全長は10cmに達する。体は透明感が強く、地色は灰白色。項部から背中線を通る淡青色の細い縦帯がある。眼の後端から背側面を通り尾鰭基底に届く淡黄色の縦帯があり、この縦帯は体の後半部になるほど黄色が濃くなる。尾鰭中央にも黄色縦帯がある。鰓孔の上にある黒色斑は明瞭。本属のなかでは他種に比べて水中で見る機会が少ない。サンゴ礫のある浅い砂底を好み、生息水深は6〜20m。海草の繁茂する浅瀬でも見られる。日本では慶良間諸島、西表島に分布する。

撮影地—サイパン島　水深—32m　全長—9cm

Gunnellichthys オオメワラスボ属

No.372

撮影地―千葉県・波佐間　水深―20m　全長―8cm
写真：木村（喜）

オオメワラスボ属の1種
Gunnellichthys viridescens
［英］Yellowstripe worm-goby

全長は10cmに達する。体は透明感が強く、地色は淡黄色。項部から背中線を通る黄褐色縦帯と、吻から眼を通り尾鰭基底に届く明瞭な橙黄色縦帯が特徴。鰓孔の上や尾鰭基底に黒色斑がないことで、ニシキオオメワラスボ (*No.370*) と識別できる。背鰭、尾鰭、臀鰭の各軟条は淡黄色。本種は単独でいることが多い。海底より少し離れ、長い体をくねらせてよく泳ぐ。サンゴ礁外縁部の砂底を好み、生息水深は5〜50m。近年本州沿岸の各地で生態写真による分布が記録されているが、奄美大島以北では偶来種と考えられる。日本では奄美大島、沖縄本島に分布する。

Oxymetopon
タンザクハゼ属

　成魚の全長が13〜25cm。内湾的環境要素の強いサンゴ礁の水深15〜40mの砂泥底に生息する。軟泥底を好み、ペアで巣穴の上をホバーリングしながら定位している。タンザクハゼ属の特徴は、頭も体も著しく側扁することで、体形からは正に「ペーパーナイフ」を連想させる。第1背鰭起部から項部にかけて明瞭な皮質隆起がある。背鰭は2基あるが、中央の切れ込み部分が密接する。各鰭は大きく、尾鰭は尖形（せんけい）。口は上向きで、角度が鋭角。体色には強い金属光沢があるなどの特徴をもつ。種の分類については今後の検討が必要とされる。香港、タイ、インドネシア、フィリピン、パプアニューギニアに分布する。日本ではタンザクハゼ1種が沖縄島に分布するが、同所から未記載種も知られている。

撮影地―沖縄島　水深―35m　全長―8cm　写真：横井　No.373

タンザクハゼ
Oxymetopon compressus
[英] Robust ribbon-goby

　体は著しく側扁し、頭幅や体幅が薄く、第1背鰭起部から眼の上方にかけて皮質隆起があるのが特徴。地色は淡い黄土色で、体側には多数の淡青色横帯がある。頭部の皮質隆起と眼の上縁は赤色。眼前域と頬や鰓蓋には蛍光色のような短い青色帯があり、水中ではよく目立つ。胸鰭基底の上方に赤色斑が、肛門の上方にも不明瞭な濃桃色斑がある。第1背鰭は丸味のある台形で、棘の先端は糸状にならない。背鰭には不規則な淡青色帯があり、各鰭の上縁には淡赤色の不明瞭な縦帯もある。尾鰭は広い尖形で、中央には淡青色点が多数ある。腹鰭の先端は丸く、臀鰭には届かない。和名の「タンザク」は、著しく側扁した体型を「短冊（たんざく）」に見たてたもの。成魚の全長は25cmに達する。潮通しのよい砂泥底を好み、生息水深は15〜40m。巣穴の上をペアでよくホバーリングする。日本では沖縄島に分布する。

Microdesmidae

| Oxymetopon タンザクハゼ属

撮影地―沖縄島　水深―35m　全長―8cm　写真：横井　No.374

タンザクハゼ属の1種
Oxymetopon sp.
[英] Ribbon-goby

外観はタンザクハゼ（No.373）によく似ている。地色は淡い黄土色で、体側にある淡青色の横帯は第2背鰭中央付近までが明瞭。尾柄部は淡紫青色。頭部の皮質隆起と眼の上縁は赤色。眼前域と頬や鰓蓋には蛍光色のような短い青色帯があり、特に皮質隆起の両側にある青色縦帯は水中でよく目立つ。第1背鰭は半円形で大きく、糸状の棘の先端は第2背鰭起部を超える。また腹鰭の先端は尖り、臀鰭前部まで伸長するなどの特徴で、近似種のタンザクハゼと識別できる。成魚の全長は18cmに達する。生息環境はダンザクハゼと同様。日本では沖縄島に分布する。本種は同属のSailfin ribbon-goby（*Oxymetopon typus*）とよく似るが、標本による検討が不十分。

Microdesmidae

Nemateleotris
ハタタテハゼ属

　成魚の全長は約7cm。主にサンゴ礁外縁の砂礫底を好み、水深10〜50mに生息するが、種によって生息深度が異なる。危険を感じると砂に埋まったサンゴ瓦礫の下に逃げ込む。同じ場所を夜間や繁殖にも利用する。通常は、瓦礫穴の周辺にペアでいる。やや垂直に近い姿勢で上下に移動遊泳をしている様子が見られる。第1背鰭起部から項部にかけて低い皮質隆起がある。背鰭は2基あるが、中央の切れ込み部分は密接する。第1背鰭前方棘が伸長するのが特徴。体色がグラデーションをなすのも本属の特徴。体色の特徴で種の識別は容易。台湾、インド-西太平洋、南太平洋、紅海、サンゴ海に広く分布する。日本では3種が知られ、小笠原諸島、和歌山県から琉球列島にかけて分布する。

No.375

ハタタテハゼ
Nemateleotris magnifica
[英] Fire dartfish

　体は側扁し、胴部の断面がほぼ長円形。第1背鰭起部から眼の後方付近に低い皮質隆起がある。全長は7cm程度。項部から吻端までは緩く傾斜し、吻部は丸い。頭部は乳白色で、前方は淡黄色。体側中央から後方にかけて徐々に赤色が増し、尾鰭付近でほぼ真紅。尾鰭の上、下葉は暗色。鰓蓋には輝く水色の小円斑がある。第1背鰭は前方の3棘が著しく伸長し、後方の3棘は著しく短い。和名の「ハタタテ」は、この著しく伸びた第1背鰭（第1、2棘）の形状を「旗立て」と見なしたことに由来する。各鰭を広げ、体を前後に揺らすような動作を繰り返しながら、底層付近をホバーリングする。ペアでいることが普通だが、幼魚期は数十尾の集団で生活する。サンゴ礁の砂礫底を好み、生息水深は5〜60m。日本では小笠原諸島、和歌山県から琉球列島にかけて分布する。

撮影地―インドネシア・バリ島　水深―15m　全長―5cm

Microdesmidae

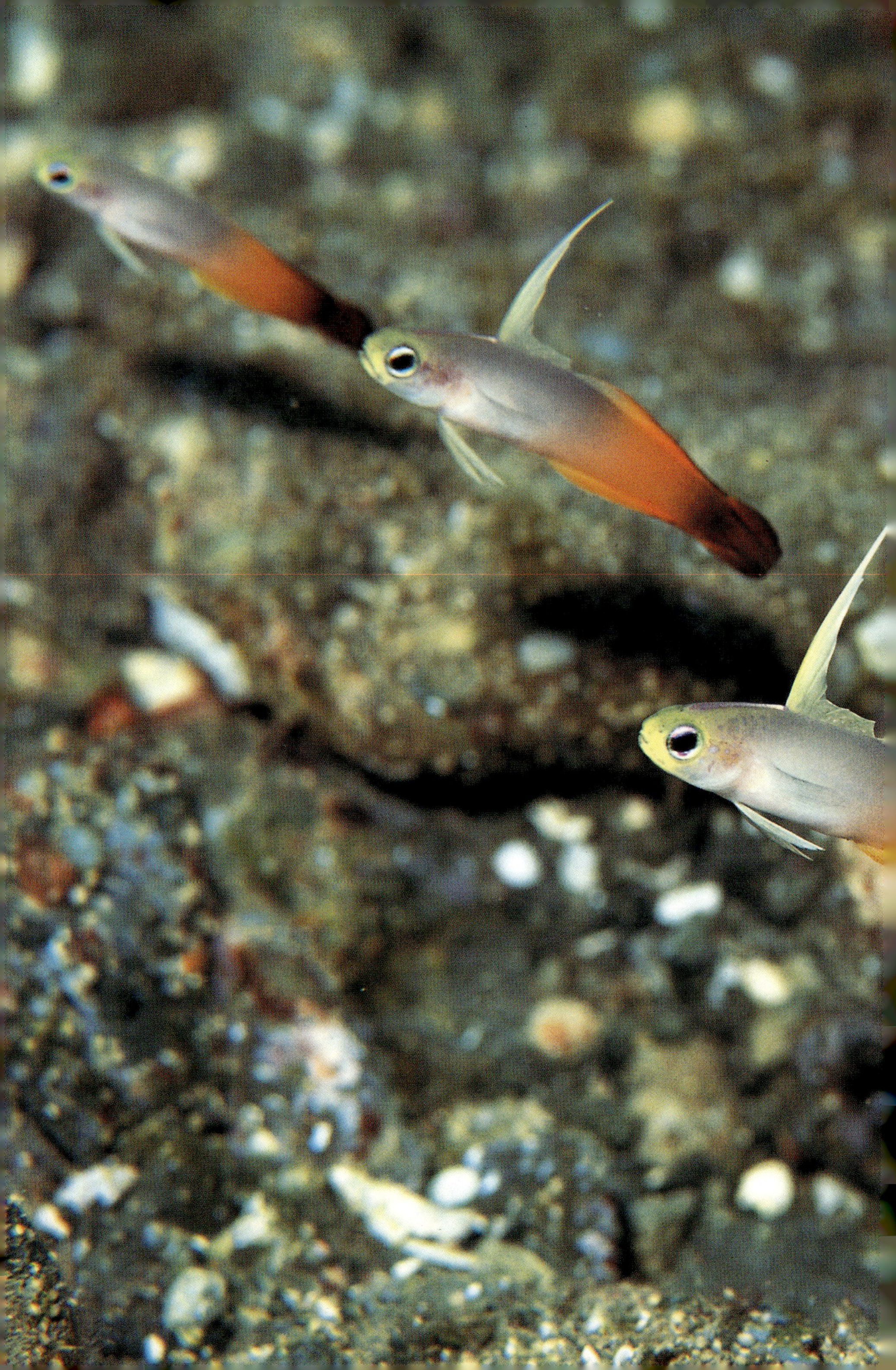

ハタタテハゼ　撮影地―小笠原諸島・向島　水深―16m　全長―2.5cm　*No.376*

撮影地—インドネシア・バリ島　水深—35m　全長—6cm

No.377

アケボノハゼ
Nemateleotris decora
[英] Decorated dartfish, Elegant firefish

No.378

撮影地—インドネシア・バリ島　水深—35m　全長—7cm

外観はハタタテハゼ (No.375, 376) に良く似ている。全長は7cm前後。地色は乳白色で、頭部は淡黄色。吻端から項部にかけては淡紫色。体側中央から後方にかけて徐々に紫色が濃くなり、尾鰭付近ではほぼ紫黒色。尾鰭の上、下葉は深紅。第1背鰭は前方の3棘が著しく伸長し、後方の3棘は著しく短いのが特徴。第2背鰭の暗紫色や、臀鰭の赤紫色が鮮明で美しい。腹鰭の先端が赤黒色で、尾鰭の後縁が湾入することなどでハタタテハゼ(腹鰭は無地、尾鰭は丸い)と識別できる。和名の「アケボノ」は、体色全体に見られるグラデーションの状態を刻々と移り変わる「曙」の時間に見立てたことに由来する。単独またはペアで海底付近をホバーリングする。サンゴ礁や岩礁の砂礫の多い場所を好み、生息水深は25〜70mとやや深い。日本では高知県から琉球列島にかけて分布する。

ハタタテハゼ属 Nemateleotris

No.379

シコンハタタテハゼ
Nemateleotris helfrichi
[英] Helfrich's dartfish

全長は6.5cmほど。頭部は鮮黄色で、眼上から第1背鰭起部にかけて淡紫青色の縦帯状の模様がある。鰓蓋付近から体側の後方にかけての赤紫色は徐々に変化して、尾柄後部ではほぼ薄青紫になる。尾鰭は淡黄色。体色のグラデーションの方向がハタタテハゼやアケボノハゼとは逆であるのが特徴。第1背鰭は前方の3棘が著しく伸長するが先端は丸く、後方の3棘は著しく短い。第2背鰭と臀鰭は全体に黄白色。腹鰭の先端部は黒色で、尾鰭の後縁はわずかに湾入する。和名の「シコン」は、グラデーションをなす体色の基本色が「紫紺」であることにちなむ。サンゴ礁のやや深い砂礫底を好み、生息水深は25～60mだが40m以浅では稀。日本では奄美大島、小笠原諸島に分布する。

撮影地—サイパン島　水深—50m　全長—6cm

撮影地：パラオ諸島　水深—32m　全長—6cm

No.380

Parioglossus
サツキハゼ属

　小型のハゼで、成魚の全長が3〜4.5cm。雄は雌より少し小さい。河口やマングローブの繁る湾奥部に生息し、大小の群がりをつくって表層付近を泳ぐ。河口域では港の岸壁に集まることもある。体は側扁する。第1背鰭の高さは低い。尾鰭の形が種によっては雌雄で著しく異なる。プランクトン食で口は小さい。体側にある縦帯の位置や幅、尾鰭の黒色斑の位置や形で種の識別は可能だが、群がりのなかに数種が混じる場合がある。インド-西太平洋、南太平洋、サンゴ海（東オーストラリア、パプアニューギニア）に広く分布することが知られるが、種ごとの分布域はまだ情報が不十分。日本では10種（分類学的再検討がおこなわれている）が知られ、石川県以南、千葉県から琉球列島にかけて分布し、八重山諸島に種数が多い。

No.381

サツキハゼ
Parioglossus dotui
[英] Dartfish

全長は最大でも5cmほどで、雌が雄よりも大きくなる傾向がある。口はうけ口。地色は透明感のある淡緑青色で、腹部が明色。体側の中央には、吻端から尾鰭基底にかけて黒色縦帯（雌は雄より幅広い）がある。体側中央の縦帯と繋がる長円形の黒色斑が尾鰭基底中央にある。背側面には、黄緑帯が眼の後方から尾鰭基底まであり、輝いてよく目立つ。眼下や頬には輝青色小斑がある。背面は一様に暗色。各鰭に明瞭な斑紋はない。和名の「サツキ」は、体色が「五月の新緑」を偲ばせることに由来する。河口汽水域や湾奥、マングローブのある水域を好み、中層や表層付近で大きな群がりをつくり、ときには大群で遊泳移動する。石川県以南、千葉県から八重山諸島にかけて分布する。

撮影地—西伊豆・大瀬崎
水深—1m
全長—4cm
写真：御宿

サツキハゼ属 *Parioglossus*

採集地―八重山諸島・西表島　水深―1m　全長―3cm　写真：林　　　　　　　　　　　　　　　　　　　　　　　　　　　　　　No.382

■ **ミヤラビハゼ**
Parioglossus raoi
［英］Rao's dartfish

全長は最大でも4cmほどで、雌が雄よりも大きくなる。第1背鰭は三角形、基底部の後方に黒色斑をもつのが特徴で、近似種のサツキハゼと識別できる。婚姻色の現れた雄の第2背鰭には淡赤褐色の斑点が明瞭。体側中央には吻端から鰓蓋を経て、腹側から尾鰭後縁に届く黒色縦帯（雌雄は同幅）がある。雄の尾鰭は後縁が深く湾入し、上・下葉が伸びて先端は尖る。雌の後縁は丸いので雌雄の区別が可能。和名の「ミヤラビ」は、上品な色彩と動作が「雅やか」である形容に由来する。河口汽水域や湾奥、マングローブのある水域などを好み、中層や表層付近で群がりをつくる。沖縄島から八重山諸島にかけて分布する。

No.383

■ **ボルネオハゼ**
Parioglossus palustris
［英］Palustris dartfish

全長は最大でも4cm程度。雌は項部から吻端にかけてが平坦で、雄が緩やかに丸い。第1背鰭は三角形で、第3～5棘の先端はわずかに糸状。淡赤褐色の背鰭には斑点が、臀鰭には縦帯がそれぞれあるが、水中では見えにくい。本種の特徴は尾鰭基底部に長円形の黒色斑が明瞭なことで、近似種のヒメサツキハゼ*Parioglossus interruptus*（黒色斑は半円形）とは形状で識別できる。眼下にある青緑色斑が水中では極だって見える。雄の尾鰭は下葉が尖り、雌はむしろ截形。和名の「ボルネオ」は、本種の模式産地である「ボルネオ島」にちなむ。河口汽水域のマングローブのある水路などを好む。日本では西表島に分布する。

採集地―八重山諸島・西表島　水深―1m　全長―3cm　写真：林

Microdesmidae

Ptereleotris
クロユリハゼ属

　成魚の全長は10〜15cmに達するが、尾鰭がさらに糸状にのびる種もいる。主に岩礁やサンゴ礁崖、磯根の周辺などで見られる。また砂礫底の環境を好むものもいる。幼魚は礁湖でも見られる。水深10〜50mに生息するが、種によって生息水深が多少異なる。危険を感じると岩のくぼみやサンゴ瓦礫の下に逃げ込み、同じ場所を夜間や繁殖にも利用する。通常は数個体で群がり、大きな群れや群がりはつくらない。生息水深が深い種は、単独かペアでいる。

　第1背鰭と第2背鰭は著しく接近するが、連続はしない（ヒメユリハゼだけは連続する）。下顎下面に皮弁をもつ種もあり、鰓洗いをするときによく見える。生息水深や体色の特徴で種の識別は容易。朝鮮半島、台湾、インド-西太平洋、南太平洋、紅海、サンゴ海に広く分布する。日本では7種が知られ、富山県以南、千葉県、小笠原諸島から琉球列島にかけて分布する。

No.384

クロユリハゼ
Ptereleotris evides
［英］Blackfin dartfish

　体はよく側扁し、後半部が細長い。成魚の全長は10cmに達する。項部から吻端までは緩く傾斜し、吻部が尖る。下顎は上顎より突出し、受け口型。地色は青磁色で、体側中央から後方部にかけて徐々に暗色になり、尾柄部ではほぼ黒色。尾鰭の上・下葉は黒色部が燕尾状。本属のなかで体色がグラデーションになっているのは本種だけ。鰓蓋から胸鰭基部には蛍光色のような水色小斑がある。第1背鰭は大きな台形で、水中では輝く小斑が見える。第2背鰭と臀鰭は幅が広く黒色。尾鰭は中央が湾入する。全長4cm以下の幼魚（*No.386*）は、地色が浅黄色で、尾鰭基底の下部に大きな黒色楕円斑があるのが特徴。和名の「クロユリ」は、開けた尾鰭を「黒百合」の花に形容したことにちなむ。幼魚や成魚は十数尾の集団で遊泳し、繁殖期にはペアで泳ぐことが多い。サンゴ礁や岩礁の磯根周辺の中層を好み、生息水深は2〜15m。日本では千葉県、伊豆諸島、小笠原諸島から八重山諸島に分布する。

撮影地—サイパン島　水深—10m　全長—11cm

撮影地―八重山諸島・宮古島　水深―10m　全長―10cm

No.385

No.386 
幼魚
撮影地―
伊豆諸島・神津島
水深―14m
全長―3.5cm

Microdesmidae

203

Ptereleotris クロユリハゼ属

スジクロユリハゼ
Ptereleotris grammica grammica
［英］Lined dartfish

地色は透明感のある青磁色。体側には、吻端から眼を通り背側面に続く縦帯と、鰓蓋から尾鰭基底に達する2本の縦帯があり、いずれも黄色でよく目立つのが特徴。このきわだった体側の縦帯により他種とは容易に識別できる。背鰭や臀鰭には1本の黄色縦帯や2本の青色縦帯があり、尾鰭の外縁は鮮やかな黄色。尾鰭は截形。全長4cm以下の幼魚では、背鰭や臀鰭、尾鰭は一様に鮮黄色。全長は10cmに達する。サンゴ礁外縁部の水深35〜40mの深場に生息する。日本では伊豆半島、高知県、沖縄島、久米島、西表島に分布する。インド洋のモーリシャス諸島の海域には、*Ptereleofris grammica melanota*という亜種が分布している。

幼魚　撮影地―西伊豆・大瀬崎　水深―50m　全長―3cm

撮影地―高知県・柏島　水深―38m　全長―10cm　写真：月岡

クロユリハゼ属 *Ptereleotris*

撮影地―サイパン島　水深―10m　全長―8cm　No.389

■イトマンクロユリハゼ
Ptereleotris microlepis
[英] Pearly dartfish

全長は10cmに達する。項部から吻端にかけてはほぼ平滑。下顎が上顎よりわずかに突出し、うけ口。頬にメタリックな浅黄色の細い縦帯が数本ある。体色は透明感のある青磁色で、水中では体側に淡黄色の横帯が見える。胸鰭の基底に黒色線があることでハナハゼ (No.395〜397) やヒメユリハゼと識別できる。群がりをつくり、遊泳しているときはほとんど鰭をたたんでいる。サンゴ礁外縁部の根の周辺を好み、水深5〜20mに生息する。日本では伊豆半島、高知県、琉球列島に分布する。

撮影地―西伊豆・大瀬崎　水深―10m　全長―9cm　No.390

■ヒメユリハゼ
Ptereleotris monoptera
[英] Monofin dartfish

外観はイトマンクロユリハゼと似る。全長は15cm前後。第1背鰭と第2背鰭は連続し、両鰭の切れ込みは浅い。体色は透明感のある青磁色で、項部は淡紫色、尾柄部から尾鰭にかけてが淡黄色。腹部は濃青色。頬に輝青色の不規則な斑紋が目立つ。尾鰭は湾入形で上・下葉の先が尖る。上・下葉の縁辺は淡赤桃色。和名の「ヒメユリ」は、開けた尾鰭の形を「姫百合」の花に形容したことにちなむ。黒色の眼下垂線があることで、近似種のハナハゼと識別できる。サンゴ礁外縁部を好み、水深5〜15mに生息する。日本では静岡県、慶良間諸島、西表島に分布する。

| *Ptereleotris* クロユリハゼ属

撮影地―八重山諸島・与那国島　水深―16m　全長―10cm

No.391

オグロクロユリハゼ
Ptereleotris heteroptera
［英］Spot-tail dartfish

全長は12cmに達する。眼から鰓孔始部にかけてメタリックな淡青色の細い縦帯がある。体色は透明感のある青磁色で、水中では背側面の青色が一層鮮やかに見える。幼魚は成魚よりも腹側がより明色。尾鰭中央の湾入が深く、和名の由来となる大きな黒色長円斑をもつことで、同属の近似種と容易に識別できる。遊泳時は背鰭や臀鰭をたたんでいることが多い。サンゴ礁外縁部や岩礁域の根の周辺を好み、水深10～50mに生息する。日本では伊豆半島、八丈島、高知県、琉球列島に分布する。

No.392

幼魚
撮影地―西伊豆・大瀬崎
水深―17m　全長―4cm

クロユリハゼ属 Ptereleotris

No.393

ゼブラハゼ
Ptereleotris zebra
[英] Zebra dartfish

全長は12cmに達する。地色は透明感のある青磁色で、体側には多数の細い桃色横帯があることで、他種とは容易に識別できる。和名の「ゼブラ」は体側にある横帯を「シマウマ（英名：ゼブラ）」の模様に見立てたことにちなむ。眼下には黒色斜帯が、胸鰭基底部に暗赤色斑などがある。背鰭と臀鰭の周縁は黒色または暗色。下顎の下面にはよく目立つ皮弁がある。普段は頤に収めているが、興奮時や求愛時にはこの皮弁を立て、あたかも信号のように動かす（No.393）。群がりをつくり、危険を感じると一斉に岩穴に逃込む。サンゴ礁外縁部を好み、水深5～40mで見られる。日本では八丈島、沖縄島、石垣島、西表島に分布する。

撮影地—サイパン島　水深—11m　全長—10cm

撮影地—サイパン島　水深—13m　全長—10cm

No.394

Microdesmidae

Ptereleotris クロユリハゼ属

本土産　撮影地—東伊豆・川奈　水深—12m　全長—12cm

ハナハゼ
Ptereleotris hanae
[英] Filament dartfish, Threadfin dartfish

外観はイトマンクロユリハゼ（*No.389*）と似るが、本種は尾鰭軟条が糸状に長く伸びる。全長は13cmに達する（尾鰭糸状軟条長は含まない）。下顎の下面には皮弁がある。体色は透明感のある青磁色で、腹部は淡桃色。水中では尾柄部の下側にある青色の縦帯が目立つ。幼魚の体色は透明感のある桃色（*No.396*）。尾鰭軟条は通常数本が伸長する（本土産）のに対し、琉球産は上・下葉の先端にある2本が伸長する（*No.397*）。奄美大島では両タイプが生息し、今後分類学的な精査が必要。岩礁やサンゴ礁外縁の砂礫底を好み、群がって生活する。自分の生息孔はもたず、他のハゼと共生するテッポウエビ類の巣穴を利用する。水深3〜45mに生息し、日本では富山県以南、千葉県から琉球列島にかけて分布する。

本土産幼魚　撮影地—西伊豆・大瀬崎　水深—10m　全長—5cm

Microdesmidae

琉球産　撮影地―慶良間諸島　水深―10m　全長―7cm　写真：小野　　　　　　　　　　　　　　　　　　　　　　　　　　　　　　　　　　　No.397

クロユリハゼ属の1種
Ptereleotris sp.
[英] Green-eyed dartfish

本種は尾鰭軟条が糸状に伸長しないこと、尾鰭の後縁が丸いこと、頭部から尾鰭後縁にかけて幅広の藍色縦帯が体側にあること、第1背鰭の前方棘が著しく伸長するなどの特徴から、同属の他種と識別できる。成魚の全長は12cmに達する。体色は透明感のある青磁色で、吻部から項部にかけてはメタリック感の強い青緑色。眼から鰓孔始部にかけて輝きのある淡青色の細縦帯が明瞭。胸鰭基部には眼径大の赤橙色斑があるのも特徴。サンゴ礁外縁部を好み、水深10〜20mに生息するが、詳細な生態は不明。日本では八丈島、沖縄島、西表島に分布し、海外ではフィリピン、インドネシア、サイパン島、モルディブ諸島などに分布する。

No.398
撮影地―サイパン島
水深―29m
全長―10cm

Column まだまだいるぞ！こんな稀種

　コラム「未知数のベニハゼ属」のところで紹介したように、まだまだ分類学的な検討が遅れているハゼ、つまり未記載種のハゼが多いのである。新しく種を確定するためには基準となる標本が必要であり、また基準と形質を比較するためのさらに複数の標本が必要となる。しかし稀種であればあるほど標本を入手する機会が少ないのも事実である。近年では世界中の魚の研究者が大洋や内海の調査をしながら、地域性のある美しい生態図鑑で様々な魚を紹介しているが、ハゼが載ってない図鑑はまず見当たらないと言ってよい。それも広い分布域をもつ既知種のハゼだけでなく、その海域に特有な種や未同定の種も含まれるのでおのずとハゼの頁数は多くなる。現在、これらの図鑑を片手に海外の数あるダイビング・スポットへ出かける日本人ダイバーは実に多い。また水中写真派ダイバーが多いのも日本のダイビング・ライフの特徴とも言えるであろう。最近の雑誌の傾向を見ると、水中写真に魅せられたダイバーによって紹介されるハゼ情報の質と量は他のグループの魚を上回っているといえる。その写真情報に未知なるハゼが多く含まれているわけで、まだ研究者の目にふれたことのないハゼも少なくない。似て非なるものがたくさんいるハゼの世界の解明は、これからはダイバーと研究者による「対話と連携」が一番の近道ではないだろうか。

モエギハゼ
Gobiidae sp.
[英] Tiny dartfish

近年ダイバーの撮った生態写真で紹介されているが、本種は未記載属と思われるハゼで、現在分類学的検討が進められている。モエギハゼという和名については、未記載種ではあるが多くの一般商業雑誌に取り上げられる機会が多いことから、鈴木・瀬能（1996）により1標本に基づき提唱された。記載によれば、ハタタテハゼ属やハゴロモハゼ属のハゼに似るが、縦列鱗数が少ないこと、腹鰭が分離しないこと、背鰭や臀鰭の軟条が少ないこと、頬と鰓蓋は大きな鱗が覆うことなどの差異が指摘されている。和名の「モエギ」は、美しい体色を「萌黄色」に見立てたことにちなむ。全長は3.5cm程度。生息水深は50m付近で、内湾の泥底を好み、巣穴付近でホバーリングをしながら小さなグループをつくって生活する。日本では石垣島と西表島に分布する。

No.399

撮影地—八重山諸島・石垣島
水深—48m
全長—2.5cm
写真：松村

No.400
オキナワハゼ属の1種
Callogobius sp.

紅海の奥にあるアカバ湾から知られるクラウン・ゴビー（Callogobius amikami）の幼魚とよく似る。オキナワハゼ属では極めて珍しい模様の組み合わせをもつ。英名のクラウン（道化役者）はこの特異な模様に由来する。Randall（1995）やDebelius（1998）の記述と写真の特徴とは、各鰭の黒色帯にある不規則な斑紋色（写真個体は黄土色でクラウン・ゴビーは濃橙色）や数が異なる。水深10m付近のサンゴ瓦礫の下に潜む。

撮影地―八重山諸島・石垣島　水深―10m　全長―2.5cm　写真：中本

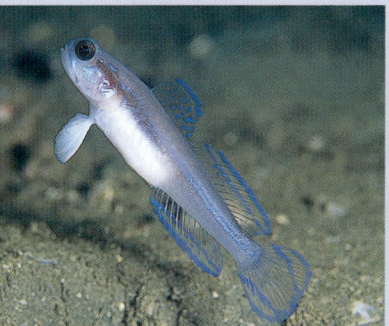

No.401
ハゼ科の1種
Gobiidae gen. & sp.

全長は6cm。眼の後方から体側中央を走る短い紫褐色縦帯と、尾鰭基底に達するメタリックな淡青色縦帯がある。背側と尾柄部は透明感のある淡青紫色、腹側は白色。水中では、鰓蓋や背鰭、臀鰭などにある水色の小斑や縦帯が目立つ。テッポウエビ類と共生する。内湾の砂泥底を好み、生息水深は20～22m。日本では駿河湾（三保や土肥）に分布する。本種は分類学的検討がまだ不十分であるが、外観の特徴や模様、行動などはハゴロモハゼ属に似る。

撮影地―西伊豆・土肥　水深―18m　全長―6cm　写真：細田

No.402
ハゼ科の1種
Gobiidae sp.
[英] Tiny dartfish

海外の雑誌や図鑑にタイニー・ダートフィッシュという英名で載っている未記載のハゼ。外観は日本のモエギハゼと似ており、モエギハゼとは同属の別種と考えられる。体側に2本の暗色縦帯があること、背鰭や臀鰭に鮮黄色の縦帯があること、尾鰭の上・下葉は薄紫色で中央に2本の黄色縦帯があることなどからモエギハゼと識別できるが、地理的変異などの検討も必要。サンゴ礁外縁部の砂礫斜面を好み、水深30～65mに生息する。バリ島、フロレス島に分布し、日本では未記録。

撮影地―インドネシア・バリ島　水深―48m　全長―2.5cm

No.403
ハゼ科の1種
Gobiidae sp.

写真個体は全長1cmと小型で、幼魚か成魚かは不明。背鰭の立て方や胸鰭の開き方などの特徴では、本書で紹介したホムラハゼ属の1種（No.364）と外観が似る。吻端から尾鰭基底部までの背面は白色で、体側は全体に黒色。下顎の先端に暗色の皮弁をもつのが特徴。各鰭は褐色斑と白色斑の染め分けで、第1背鰭は前方棘が長い。サンゴ礁の砂底を好み、水深10mに生息する。標本による分類学的精査が必要。

撮影地―八重山諸島・石垣島　水深―10m　全長―1cm　写真：中本

| Column | ハゼの撮影 | 白鳥岳朋 |

　ウミウシ、クラゲ、エビ、カニ……と、いつになく一部の海洋生物たちがもてはやされている。「最後の秘境」と言われる海に関わって長く撮影を続けてきた私にとって、これは実にありがたく、喜ばしく、うれしいことだ。

　では、いったいなぜ、彼らはそれほどまでに人気を獲得しえたのだろうか。おそらくそれは、彼らが可愛らしいからだろう。そう、可愛らしいとは、ものすごいパワーを秘めた能力であり、普遍的なものなのである。

　では、この本の主人公であるハゼの仲間は、どうだろうか。「ハゼ＝マハゼ」「マハゼ＝汚い魚」とイメージされているのも確かだが、実はまことにタレント性が高いものがあるのである。美しい体色、奇妙な容姿、キュートで手頃な大きさ、そしてちょっと変わった生態……。どれひとつをとっても、人気が出て不思議はない（この本を手にされた方はすでにおわかりだと思うが……）。

　でもさらに、ハゼには私を引きつけてやまない魅力がある。それは、ハゼが表す「感情」のようなものだ。そんな思いをいだくようになったのは、水中撮影を始めるよ

ハゼ撮影の極意

ハゼ類の接近

➡できるだけ静かにハゼのいる付近に降り立つ（あまり近過ぎてはダメ。傾斜の場合は低い方、流れがある場合は下流からがセオリー）➡姿勢を低くし、できるだけ小さくなる（無念無想。できれば物となるような気分で）➡すぐに行動を開始しない（登場後の「間」と「静かな動きだし」が大切）➡頃合をみてゆっくりと近づき始める（ここから相手の目と仕種を観察するが、巨大な目で直視してはダメ。大きな生きものの目は非常に恐いものだ。できれば物であるハウジングなどで隠すように）➡「3歩進んで2歩下がる」気持ちで➡恐怖心を与えてしまいそうなら接近をやめる。様子を見て動き出す➡撮影距離に入る（ここで安心してしまう人が多い。このときはゴールではなく、あくまで「始まり」と心得る）➡良いチャンスを待ち、静かにシャッターを切る（良いシーンはときの運。努力や力ではどうにもならない）➡チャンスをモノにしてもできなくても、辺りを見渡してから行動を中止する（狙っていた被写体に逃げられても、すぐ横に新たなチャンスがあったりする。身を起こすときも、目だけでまわりを探ってからにする）

ハゼの撮影テクニック

●撮影アングル／カメラ（撮影）の高さは、被写

No.404

❶ 浮遊時を狙ったり、ヒレが全開で頭から尾っぽまでピントをシャープに合わせたりと、やはり奥は深かったりする。

No.405

❷ 明るい場所では、ストロボを使わない発想も欲しいものだ。柔らかな表現は、写真の得意とするところでもある。

うになってから何年もたってからのこと。初めは体色や容姿といった表面的な美しさを撮ることだけにしか気が回らなかったが、次第にその顔の面白さをアップで狙うことが増えていき、いつしかその「目」やその「しぐさ」にまで意識がいくようになった。クリクリと動く目、しなやかに曲る体、張り詰めるヒレ、そしてときおり見せるあくびや、クリーニングされたときの表情など、それらは明らかに感情をもった生きもののそれであり、彼らの気分や考えていることまで伝わってくるようで、彼らの魅力は一段と高まったのである。まさに「一寸の虫にも五分の魂」「目は口ほどに物を言う」といったところ。あんなに小さな生きものにも感情はあり、日々毎日暮らしているのだと感じざるをえなくなったのだ。

だからその後は、「もし私が彼らの立場だったら……」などと考えるようになり、ハゼたちへの接近にはことさら気を使うようになった。結果、写真の仕上がりが格段に変わっていった。

ハゼ科最大のワラスボにしても、その大きさは40cm程度。最少のコメツブイソハゼともなると、わずか1cmで成魚である。他の生きものからすれば小さいほうのわれ

体と同じ高さが基本。こうすると「（その）魚の目線、魚の世界」になる。
●図鑑用／体が真っすぐの状態で、真横、ヒレ全開が基本。被写体の発色性を良くするため、できるだけ焦点距離の短いレンズ*を使い撮影距離を近くし、ストロボ光を順光でしっかりと当てる。「いわゆる適正露出」に特に注意する。その種の特徴的な部分をハッキリと写すことに気を配る。雄、雌、幼魚、婚姻色、色彩変異などが考えられる。写真❶
●アップ／真正面、斜め、真横が考えられる。真正面や真正面に近い斜めでは、体が画面の奥の方に写ることになるので、イメージ写真として撮るなら絞りを開けぎみにしてボケ味の美しさを出す

のもいい。写真❷
●ペア／雌雄では体の模様やヒレの形状が違ったりするので、その両方を撮っておきたい。できれば画面に2匹を同時に入れ、それぞれにピントが合う瞬間にシャッターを切りたい。それが無理なら、別カットでそれぞれ単独に撮影しておく。
●群れ／群れ全体の方向性や形、そしてバランスが命。
●共生ハゼ／ハゼはもちろん、エビにもピントを合わせたい。構図をつくってハゼの目にピントを合わせ、待ち、エビがピントの合うところに来たときシャッターを押す。ハゼは尾の付近に触れている触覚を通じてエビに危険や安全を知らせるので、特に尾の振り方に注目する。ハゼが巣穴に入

❸ 妨げるものが何もないとき、そこには素の表情を見せてくれる瞬間がある。ジッと待つ。そこに転がる石のように。

❹ バックを黒く落とすのもいいが、適切なブルーに浮遊する感じもまたいい。こちらの方がはるかに難しいが…。

われ人間は、前者ワラスボの4～5倍、コメツブイソハゼでは実に160倍にも達する大きな動物なのである。彼らハゼたちにとってわれわれが8mから260mの巨大な見慣れない生きものと向き合うようなものだ。初めて見るそんな怪物が爆音や泡を立てて突然迫ってきたらどうだろう。おそらく、恐ろしさのあまり、家の中(巣穴)へすっとんで避難するにちがいない。だが、しばらくして辺りが静まり返ったら、「あれ！　どこかへ行ってしまったのかな？」と、玄関や窓から外の様子をうかがうことだろう。その姿が見えなくなれば、「なぁ～んだ、行っちゃったのか」、まだ家の前にいても微動だにしなければ、「あれ！　死んじゃったのかな？」なんて思うかもしれない。そしてその恐怖感や猜疑心も時間の経過とともに薄れていき、やがて何事もなかったかのように日常生活にもどっていく。

　小さな違いはあっても、巣をもつ弱き生きものたちの思考と行動はざっとこんなところなんだろう。こうしたことを踏まえて、観察や撮影に生かしていけば不思議なくらい彼らに急接近することができるのだ。

　では、上手な接近で、良い出会いが訪れることを祈って！

ってしまっても、「エビを呼びに行く状況」かもしれないので、慌てて撮影を終了しないこと。じっくり待てば、エビにクリーニングされるシーンにも出会えるかもしれない。写真❸
●浮遊するハゼ／真っ暗な洞窟や深場以外での浮遊するハゼは、バックをブルーに抜いてみたい。この際はストロボと太陽のミックス光となるので、そのバランスとシャッタースピードに注意！あまり遅いシャッタースピードでは、手ブレや被写体ブレの原因ともなる。写真❹
●枝サンゴの中に潜むハゼ／サンゴの隙間から被写体のハゼに対してストロボ光を当てる。ポート上など真正面からストロボを発光させると、潜む雰囲気がなくなってしまう。特にこの際はストロボはTTLオートが有効。写真❺
●イソハゼやベニハゼの仲間／岩礁やサンゴの上にいる彼らにもお気に入りの場所があるので、一度逃げられてしまっても慌ててはいけない。しばらくするとまた元の位置に戻ってくる。暗い穴の中でピント合わせのターゲットライトを使う場合、光量を減らしたり光軸をずらしたりして、最小限の明るさに止める。写真❻

＊できるだけ焦点距離の短いレンズを使う／200mmよりは105mm、105mmよりは60mmといった感じ。

No.408

❺ 暗いところから明るいところを見ていると、覗き見しているような、潜んでいるような雰囲気、つまり絵になる。

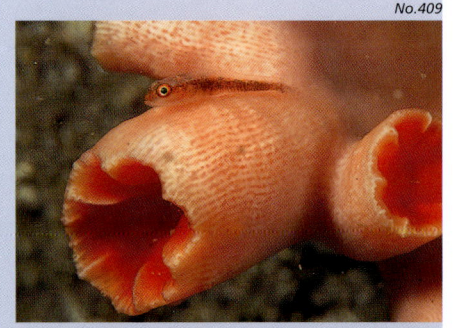

No.409

❻ イソハゼやベニハゼのように、ウミショウブハゼの仲間も、いったん逃げても元の位置に戻ってくることが多い。

用語解説　Grossary

横帯・横斑（おうたい・おうはん）：体の背側から腹側に走る帯状（帯の幅はさまざまある）の斑紋。横帯・横斑の表現は魚体の頭を上に、尾部を下にした場合のこと。

逆位（ぎゃくい）：本書ではベニハゼ属に代表され、岩穴などの天井に腹面を接して定位している状態。

頬部（きょうぶ）：眼の後方下部。一般的にいう「ほほ」の部分。

棘・軟条（きょく・なんじょう）：棘は硬くて先端が尖り、節もなく分枝もしない鰭条。軟条は軟らかくて先は尖らず、分枝はするものとしないものがあるが節はたくさんある鰭条。

鞍掛状斑（くらかけじょうはん）：主に背鰭の基底部を中心として、左右の背側面に対称的にある斑紋。

孔器・孔器列（こうき・こうきれつ）：孔器は体表の皮膚の中に点在する側線系感覚器官で、ハゼ類は頭部に顕著な列状をなしてあり（孔器列）、その数や有無が種の識別に用いられる。

口角（こうかく）：上顎と下顎が接する開口部の末端。

公称種（こうしょうしゅ）：世界的な視野に基づき分類学的な見地から整理され、これまでに発表されたあるグループに含まれるすべての種のこと。

項部（こうぶ）：後頭部の直後で、鰓孔上端の上から第1背鰭起部前方の部分。一般的にいう「うなじ」の部分。

地色（じいろ）：基本的には斑紋の色を除いた体の基調色のこと。

縦帯・縦斑（じゅうたい・じゅうはん）：体の頭部から尾部方向に走る帯状（帯の長さはさまざまある）の斑紋。縦帯・縦斑の表現は魚体の頭を上に、尾部を下にした場合のこと。

縦扁（じゅうへん）：体の背側から腹側に圧縮された状態で、上下方向が左右方向よりも短い。典型例としてはアンコウ類やコチ類などの底生魚。

脊柱（せきちゅう）：頭骨の後方に続き体の中軸骨格を構成する部分で、多数の椎骨からなる。

礁地（しょうち）：礁縁部の内側にできる礁原より、さらに陸側にできるより水深の浅い船底状のサンゴ礁地形。底質は目の粗い砂礫で、造礁サンゴの小パッチやアマモ場などが見られる。

側扁（そくへん）：左右の体側が内側に圧縮された状態のことで、左右方向が上下方向よりも短い。典型例としてはチョウチョウウオ類やニザダイ類などの遊泳魚。

点列斑（てんれつはん）：まとまった形状の斑紋が、互いに間隔（主に等間隔）をあけて並んでいる状態のもの。

背中線（はいちゅうせん）：本書ではハゼの項部から第2背鰭の最後軟条基底付近までを結ぶ、背面の中心線。

皮褶（ひしゅう）：皮膚がしわのように盛り上がってできる筋。

吻部（ふんぶ）：眼より前方の部分。一般的にいう「鼻っ面」の部分。

ビーチロック：サンゴ島の端（礁原）の内側、主に潮間帯中部付近にできるサンゴ砂が固結したやや堅い岩石層。干潮時の砂浜では海側に傾斜して露出する盤状の岩石層がよく見える。

尾柄部（びへいぶ）：背側は第2背鰭の最後軟条基底から、腹側は臀鰭の最後軟条基底からそれぞれ尾鰭基底までの部分。

未記載種（みきさいしゅ）：標本に基づく形質の記述や図示が完全に発表されていない種のこと。

群れ・群がり（むれ・むらがり）：摂食したり移動したりするときに、各個体がほぼ同じ方向に一緒になって行動している集団は「群れ」。多数の個体がある場所に集合しているが、各個体は勝手な行動をしている集団は「群がり」。

模式産地（もしきさんち）：タイプ産地ともいい、模式標本を捕獲・採集または観察した地理的な場所。

模式標本（もしきひょうほん）：基準標本・タイプ標本ともいい、ある階級群が学名をともなって認識され発表されたときに、その学名の有効性と分類的概念の基準となる標本。

藻場（もば）：浅い海底に海草が密生している場所のこと。普通はアマモ類の生育しているアマモ場を指し、ホンダワラ類の繁茂している場所はガラモ場と呼び区別する。

有効種（ゆうこうしゅ）：形質形態などが分類学的に検討され、潜在的に有効と認められる種のこと。

幼魚・若魚（ようぎょ・わかうお）：孵化してから成魚になるまでの一般的な名称。成長段階でいう仔魚・稚魚・未成魚などの厳密な区分名称ではない。

和名索引　Index to Japanese Names

ア

アオイソハゼ	53
アオギハゼ	39
アオハチハゼ	27
アカイソハゼ	47
アカオビシマハゼ	187
アカスジウミタケハゼ	114
アカテンコバンハゼ	65
アカネダルマハゼ	59
アカネハゼ(インド洋型)	25
アカネハゼ(太平洋型)	25
アカハゼ属	85
アカハチハゼ	26
アカヒレハダカハゼ	81
アカホシイソハゼ	50
アカメハゼ	108
アケボノハゼ	198
アゴハゼ	78
アゴハゼ属	78
アシシロハゼ	87
アベハゼ	174
アベハゼ属	174
イザヨイベンケイハゼ	29
イソハゼ	46
イソハゼ属	46
イソハゼ属の1種	57
イチモンジコバンハゼ	63
イチモンジハゼ	39
イトヒキハゼ	128
イトヒキハゼ属	128
イトヒキハゼ属の1種	135
イトマンクロユリハゼ	205
イレズミハゼ	28
イレズミハゼ属	28
イロワケガラスハゼ	109
インコハゼ	93
インコハゼ属	93
インコハゼ属の1種	94
ウキゴリ属	80
ウチワハゼ	182
ウチワハゼ属	182
ウミショウブハゼ	110
ウミショウブハゼ属	110
ウミタケハゼ	111
ウロコベニハゼ	37
ウロハゼ	80
ウロハゼ属	80
オイランハゼ	131
オオガラスハゼ	105
オオメハゼ	36
オオメワラスボ	190
オオメワラスボ科	189
オオメワラスボ属	190
オオメワラスボ属の1種	192
オオモンハゼ	96
オオモンハゼ属	96
オキカザリハゼ	101
オキナワハゼ	18
オキナワハゼ属	18
オキナワハゼ属の1種	211
オキナワベニハゼ	35
オグロクロユリハゼ	206
オトメハゼ	24
オドリハゼ	122
オドリハゼ属	122
オニハゼ	120〜121
オニハゼ属	120
オニハゼ属の1種	121
オバケインコハゼ	93
オヨギイソハゼ	56
オヨギベニハゼ	38

カ

カサイダルマハゼ	61
カザリハゼ	103
カスリハゼ	161
カスリハゼ属	161
カスリモヨウベニハゼ	37
カタボシオオモンハゼ	97
カタホハゼ	20
カニハゼ(俗称)	98
ガラスハゼ	104
ガラスハゼ属	104
カワアナゴ科	9
キイロサンゴハゼ	64
キツネメネジリンボウ	126, 149
キヌバリ(太平洋型)	88〜89
キヌバリ(日本海型)	89
キヌバリ属	88
キマダラハゼ	16
キラキラハゼ	158
キララハゼ属	175
キリガクレ	10
ギンガハゼ	132, 149
キンセンハゼ	167
キンホシイソハゼ	52
ギンポハゼ	182
ギンポハゼ属	182
クサハゼ	156
クツワハゼ	99
クツワハゼ属	99
クビアカハゼ	142, 148
クマドリコバンハゼ	66
クモガクレ	10
クモガクレ属	10
クモハゼ	117
クモハゼ属	117
クロイトハゼ	22
クロイトハゼ属	22
クロエリオオメワラスボ	191
クロオビハゼ	153
クロスジイソハゼ	50

216

クロダルマハゼ	59	セイタカスジハゼ	176
クロホシイソハゼ	49	セジロハゼ	17
クロホシハゼ	130	セジロハゼ属	17
クロユリハゼ	202〜203	セスジサンカクハゼ	180
クロユリハゼ属	202	ゼブラハゼ	207
クロユリハゼ属の1種	209	セボシウミタケハゼ	113
ケショウハゼ	76〜77	セボシサンカクハゼ	178
ケショウハゼ属	76	ソメワケイソハゼ	56
ゴイシサンカクハゼ	180		
コクテンベンケイハゼ	31	**タ** タカノハハゼ	130
コバンハゼ	62	タスジコバンハゼ	66
コバンハゼ属	62	ダテハゼ	137
コバンハゼ属の1種	67	ダテハゼ属	137
コビトイソハゼ	47	ダテハゼ属の1種	144〜145
コベンケイハゼ	30	タネハゼ	19
ゴマハゼ	181	ダルマハゼ	58
ゴマハゼ属	181	ダルマハゼ属	58
コモチジャコ	85	タンザクハゼ	193
		タンザクハゼ属	193
サ サザナミハゼ	24	タンザクハゼ属の1種	194
ササハゼ	25	ダンダラダテハゼ	142
サツキハゼ	200	チゴベニハゼ	35
サツキハゼ属	200	チチブ属	186
サビハゼ	84	チャガラ	90
サビハゼ属	84	ツマグロサンカクハゼ	180
サラサハゼ	164〜165	ツムギハゼ	82
サラサハゼ属	164	ツムギハゼ属	82
サラサハゼ属の1種	168	ツムギハゼ属の1種	83
サルハゼ属	71	トサカハゼ	73
サンカクハゼ	177	トサカハゼ属	73
サンカクハゼ属	177	トビハゼ	14
シゲハゼ	129	トビハゼ属	14
シコンハタタテハゼ	199	ドロメ	79
シノビハゼ	150	トンガリハゼ属	75
シノビハゼ属	150	トンガリハゼ属の1種	75
シマイソハゼ	32		
シマイソハゼ属	32	**ナ** ナカモトイロワケハゼ	69
シマイソハゼ属の1種	33	ナミハゼ	174
シマオリハゼ	155	ナメラハゼ	19
シマカスリハゼ	162	ナンヨウミドリハゼ	55
シモフリシマハゼ	186	ニシキオオメラワスボ	191
ジュウモンジサラサハゼ	166	ニシキハゼ	91
シュンカンハゼ	20	ニセクロスジイソハゼ	51
シロイソハゼ	48	ニチリンダテハゼ	143
シロオビハゼ	133	ニュウドウダテハゼ	139, 149
シロクラハゼ属	16	ニンギョウベニハゼ	36
ズグロダテハゼ	141	ネジリンボウ	123
スケロクウミタケハゼ	112	ネジリンボウ属	123
スジクログラスハゼ	107	ネジリンボウ属の1種	126
スジクロユリハゼ	204	ノボリハゼ	173
スジハゼ	175	ノボリハゼ属	173
スナゴハゼ	92		
スナゴハゼ属	92	**ハ** ハゴロモハゼ	152
スフィンクスサラサハゼ	166	ハゴロモハゼ属	152
ズングリハゼ	21	ハシブトウミタケハゼ	111

217

項目	ページ
ハゼ科	13
ハゼ科の1種	211
ハダカハゼ属	81
ハタタテサンカクハゼ	179
ハタタテシノビハゼ	148, 151
ハタタテハゼ	195〜197
ハタタテハゼ属	195
ハチマキダテハゼ	141
ハナグロイソハゼ	51
ハナハゼ(本土型)	208
ハナハゼ(琉球型)	209
ハラマキハゼ	163
ハラマキハゼ属	163
パンダダルマハゼ	60
ヒナハゼ	173
ヒナハゼ属	173
ヒノマルハゼ	130, 148
ヒメイトヒキハゼ	129
ヒメオニハゼ	121
ヒメカザリハゼ	100
ヒメクロイトハゼ	23
ヒメサルハゼ	72
ヒメシノビハゼ	151
ヒメダテハゼ	138
ヒメハゼ	171
ヒメハゼ属	171
ヒメホシハゼ	170
ヒメユリハゼ	205
ヒモハゼ	16
ヒモハゼ属	16
ヒラウミタケハゼ	111
ビリンゴ	80
ヒレグロフタスジハゼ	21
ヒレナガネジリンボウ	124〜125, 148
ヒレナガハゼ	157
ヒレフリサンカクハゼ	178
フジナベニハゼ	38
フタイロサンゴハゼ	67
フタスジノボリハゼ	176
フタスジハゼ	21
フタホシタカノハハゼ	133
フトスジイレズミハゼ	29
ベニハゼ	34
ベニハゼ属	34
ベニハゼ属の1種	40〜45
ベンケイハゼ	30
ホシカザリハゼ	101
ホシゾラハゼ	134
ホシノハゼ	102
ホシハゼ	169
ホシハゼ属	169
ホソガラスハゼ	106
ホタテツノハゼ	118
ホタテツノハゼ属	118
ホタテツノハゼ属の1種	119
ホホグロスジハゼ	176
ホホスジシノビハゼ	151
ホホベニサラサハゼ	167
ホムラハゼ	183〜184
ホムラハゼ属	183
ホムラハゼ属の1種	185
ボルネオハゼ	201

マ

項目	ページ
マスイダテハゼ	139
マダラカザリハゼ	100
マダラハゼ	95
マダラハゼ属	95
マツゲハゼ	71
マハゼ	86
マハゼ属	86
ミカゲハゼ	116
ミサキスジハゼ	29
ミジンベニハゼ	68, 115
ミジンベニハゼ属	68
ミズタマハゼ	23
ミツボシゴマハゼ	181
ミナミダテハゼ	138
ミナミトビハゼ	14
ミナミヒメハゼ	172
ミナミヒメハゼ属	172
ミミズハゼ	15
ミミズハゼ属	15
ミヤラビハゼ	201
ムジコバンハゼ	63
ムスジイソハゼ	54
モエギハゼ	210
モンヤナギハゼ	11

ヤ

項目	ページ
ヤシャハゼ	127
ヤジリハゼ	155
ヤツシハゼ	149, 154
ヤツシハゼ属	154
ヤツシハゼ属の1種	159〜160
ヤナギハゼ科	9
ヤナギハゼ属	11
ヤノウキホシハゼ	170
ヤノダテハゼ	136, 140
ヤマブキハゼ	142
ユカタハゼ	74
ユカタハゼ属	74
ヨゴレダルマハゼ	59
ヨリメハゼ	116
ヨリメハゼ属	116

ラ

項目	ページ
リュウグウハゼ	90

学名索引　Index to Scientific Names

A

Acanthogobius	86
Acanthogobius flavimanus	86
Acanthogobius lactipes	87
Acentrogobius	175
Acentrogobius moloanus	176
Acentrogobius multifasciatus	176
Acentrogobius pflaumii	175
Acentrogobius suluensis	176
Amblychaeturichthys	85
Amblychaeturichthys sciistius	85
Amblyeleotris	137
Amblyeleotris diagonalis	141
Amblyeleotris fasciata	145
Amblyeleotris fontanesii	139, 149
Amblyeleotris guttata	142
Amblyeleotris gymnocephala	144
Amblyeleotris japonica	137
Amblyeleotris latifasciata	145
Amblyeleotris masuii	139
Amblyeleotris melanocephala	141
Amblyeleotris ogasawarensis	138
Amblyeleotris periophthalma	142
Amblyeleotris randalli	143
Amblyeleotris sp.	144
Amblyeleotris steinitzi	138
Amblyeleotris wheeleri	142, 148
Amblyeleotris yanoi	136, 140
Amblygobius	164
Amblygobius bynoensis	168
Amblygobius decussatus	166
Amblygobius esakiae	168
Amblygobius hectori	167
Amblygobius nocturnus	167
Amblygobius phalaena	164〜165
Amblygobius rainfordi	168
Amblygobius sphynx	166
Asterropteryx	169
Asterropteryx atripes	170
Asterropteryx ensifera	170
Asterropteryx semipunctata	169
Astrabe	16
Astrabe flavimaculata	16

B

Bathygobius	117
Bathygobius fuscus	117
Bryaninops	104
Bryaninops amplus	105
Bryaninops erythrops	109
Bryaninops loki	106
Bryaninops natans	108
Bryaninops tigris	107
Bryaninops yongei	104

C

Cabillus	116
Cabillus lacertops	116
Cabillus tongarevae	116
Callogobius	18
Callogobius crassus	21
Callogobius flavobrunneus	21
Callogobius hasseltii	18
Callogobius maculipinnis	20
Callogobius okinawae	19
Callogobius sclateri	21
Callogobius snelliusi	20
callogobius sp.	211
Callogobius tanegasimae	19
Calumia	10
Calumia godeffroyi	10
Calumia profunda	10
Chaenogobius	78
Chaenogobius annularis	78
Chaenogobius gulosus	79
Clariger	17
Clariger cosmurus	17
Cristatogobius	73
Cristatogobius lophius	73
Cryptocentrus	128
Cryptocentrus albidorsus	133
Cryptocentrus caeruleomaculatus	130
Cryptocentrus cinctus	132, 149
Cryptocentrus filifer	128
Cryptocentrus nigrocellatus	130
Cryptocentrus shigensis	129
Cryptocentrus singapurensis	131
Cryptocentrus sp.	129, 133〜135
Cryptocentrus strigilliceps	130, 148
Ctenogobiops	150
Ctenogobiops crocineus	151
Ctenogobiops feroculus	151
Ctenogobiops pomastictus	150
Ctenogobiops tangaroai	148, 151

D

Discordipinna	183
Discordipinna griessingeri	183〜184
Discordipinna sp.	185

E

Eleotridae	9
Eutaeniichthys	16
Eutaeniichthys gilli	16
Eviota	46
Eviota abax	46
Eviota albolineata	48
Eviota bifasciata	56
Eviota cometa	51
Eviota distigma	47
Eviota melasma	50
Eviota nigriventris	56
Eviota pellucida	57
Eviota prasina	55
Eviota prasites	53
Eviota saipanensis	54
Eviota sebreei	50
Eviota smaragdus	49
Eviota sp.	47, 51

	Eviota storthynx 52	**L**	*Lotilia* 122
	Exyrias 93		*Lotilia graciliosa* 122
	Exyrias bellissimus 93		*Lubricogobius* 68
	Exyrias ferrarisi 94		*Lubricogobius dinah* 69
	Exyrias puntang 93		*Lubricogobius exiguus* 68, 115
	Exyrias sp. 94		*Luciogobius* 15
			Luciogobius guttatus 15
F	*Favonigobius* 171		
	Favonigobius gymnauchen 171	**M**	*Macrodontogobius* 95
	Flabelligobius 118		*Macrodontogobius wilburi* 95
	Flabelligobius latruncularius 119		*Mahidolia* 161
	Flabelligobius sp. 118		*Mahidolia mystacina* 161
	Fusigobius 177		*Mahidolia* sp. 162
	Fusigobius duospilus 178		*Mangarinus* 182
	Fusigobius inframaculatus 179		*Mangarinus waterousi* 182
	Fusigobius neophytus 177		Microdesmidae 189
	Fusigobius signipinnis 178		*Mugilogobius* 174
	Fusigobius sp. 180		*Mugilogobius abei* 174
			Mugilogobius chulae 174
G	*Glossogobius* 80		*Myersina* 152
	Glossogobius olvaceus 80		*Myersina macrostoma* 152
	Gnatholepis 96		*Myersina nigrivirgata* 153
	Gnatholepis anjerensis 96		
	Gnatholepis scapulostigma 97	**N**	*Nemateleotris* 195
	Gobiidae 13		*Nemateleotris decora* 198
	Gobiidae sp. 210~211		*Nemateleotris helfrichi* 199
	Gobiidae, gen.& sp. 211		*Nemateleotris magnifica* 195~197
	Gobiodon 62		
	Gobiodon albofasciatus 63	**O**	*Oligolepis* 173
	Gobiodon citrinus 67		*Oligolepis acutipennis* 173
	Gobiodon oculolineatus 66		*Oplopomops* 75
	Gobiodon okinawae 64		*Oplopomops* sp. 75
	Gobiodon quinquestrigatus 67		*Oplopomus* 76
	Gobiodon sp. 62, 65, 66		*Oplopomus oplopomus* 76~77
	Gobiodon unicolor 63		*Oxymetopon* 193
	Gunnellichthys 190		*Oxymetopon compressus* 193
	Gunnellichthys curiosus 191		*Oxymetopon* sp. 194
	Gunnellichthys monostigma 191		*Oxyurichthys* 71
	Gunnellichthys pleurotaenia 190		*Oxyurichthys ophthalmonema* 71
	Gunnellichthys viridescens 192		*Oxyurichthys* sp. 72
	Gymnogobius 80		
	Gymnogobius breunigii 80	**P**	*Pandaka* 181
			Pandaka lidwilli 181
H	*Hazeus* 74		*Pandaka trimaculata* 181
	Hazeus otakii 74		*Papillogobius* 172
			Papillogobius reichei 172
I	*Istigobius* 99		*Paragobiodon* 58
	Istigobius campbelli 99		*Paragobiodon echinocephalus* 58
	Istigobius decoratus 101		*Paragobiodon lacunicolus* 60
	Istigobius goldmanni 100		*Paragobiodon melanosomus* 59
	Istigobius hoshinonis 102		*Paragobiodon modestus* 59
	Istigobius nigroocellatus 101		*Paragobiodon* sp. 61
	Istigobius ornatus 103		*Paragobiodon xanthosomus* 59
	Istigobius rigilius 100		*Parioglossus* 200
			Parioglossus dotui 200
K	*Kelloggella* 81		*Parioglossus palustris* 201
	Kelloggella cardinalis 81		*Parioglossus raoi* 201

Parkraemeria	182	Tridentiger	186
Parkraemeria ornata	182	Tridentiger bifasciatus	186
Periophthalmus	14	Tridentiger trigonocephalus	187
Periophthalmus argentilineatus	14	Trimma	34
Periophthalmus modestus	14	Trimma anaima	41
Pleurosicya	110	Trimma benjamini	41
Pleurosicya bilobata	110	Trimma caesiura	34
Pleurosicya boldinghi	112	Trimma emeryi	37
Pleurosicya coerulea	111	Trimma flammeum	40
Pleurosicya fringilla	111	Trimma grammistes	39
Pleurosicya micheli	114	Trimma griffithsi	37
Pleurosicya mossambica	113	Trimma halonevum	40
Pleurosicya muscarum	111	Trimma macrophthalma	36
Priolepis	28	Trimma naudei	35
Priolepis borea	29	Trimma okinawae	35
Priolepis cincta	30	Trimma rublomaculatus	42
Priolepis fallacincta	30	Trimma sheppardi	36
Priolepis latifascima	29	Trimma sp.	43〜45
Priolepis nocturuna	29	Trimma stobbsi	42
Priolepis semidoliata	28	Trimma striata	42
Priolepis sp.	31	Trimma taylori	38
Pseudogobius	92	Trimma tevegae	39
Pseudogobius javanicus	92	Trimma winchi	38
Psilogobius	163	Trimmatom	32
Psilogobius prolatus	163	Trimmatom sp.	32〜33
Ptereleotris	202		
Ptereleotris evides	202〜203	**V** Valenciennea	22
Ptereleotris grammica grammica	204	Valenciennea bella	25
Ptereleotris hanae	208〜209	Valenciennea helsdingenii	22
Ptereleotris heteroptera	206	Valenciennea longipinnis	24
Ptereleotris microlepis	205	Valenciennea parva	23
Ptereleotris monoptera	205	Valenciennea puellaris	24
Ptereleotris sp.	209	Valenciennea randalli	27
Ptereleotris zebra	207	Valenciennea sexguttata	23
Pterogobius	88	Valenciennea strigata	26
Pterogobius elapoides	88〜89	Valenciennea wardi	25
Pterogobius virgo	91	Vanderhorstia	154
Pterogobius zacalles	90	Vanderhorstia ambanoro	155
Pterogobius zonoleucus	90	Vanderhorstia auropunctata	158
		Vanderhorstia lanceolata	155
R Redigobius	173	Vanderhorstia macropteryx	157
Redigobius bikolanus	173	Vanderhorstia ornatissima	149, 154
		Vanderhorstia prealta	160
S Sagamia	84	Vanderhorstia sp.	156, 159〜160
Sagamia geneionema	84		
Signigobius biocellatus	98	**X** Xenisthmidae	9
Stonogobiops	123	Xenisthmus	11
Stonogobiops dracula	126	Xenisthmus polyzonatus	11
Stonogobiops nematodes	124〜125, 148		
Stonogobiops pentafasciata	126, 149	**Y** Yongeichthys	82
Stonogobiops sp.	127	Yongeichthys criniger	82
Stonogobiops xanthorhinica	123	Yongeichthys nebulosus	83
T Tomiyamichthys	120		
Tomiyamichthys alleni	121		
Tomiyamichthys oni	120〜121		
Tomiyamichthys sp.	121		

引用文献

明仁・坂本勝一・池田雄二・岩田明久. 2000. ハゼ亜目.日本産魚類検索:全種の同定.(中坊徹次編) in 2 vols. 1139-1310,1606-1628, 東海大学出版会, 東京.
Allen, G. 1997. Marine Fishes of Tropical Australia and South-East Asia. 292pp. Western Australia Museum.
アーサー・アンカー.2000.ハゼと共生するテッポウエビ属の分類学上の問題.伊豆海洋公園通信,11(8).2-7.
Debelius, H. 1993. Indean Ocean, Tropical Fish Guide. 321pp. IKAN-Unterwasserarchiv, Frankfurt.
Debelius, H. 1998. Red Sea Reef Guide. 321pp. IKAN-Unterwasserarchiv, Frankfurt.
Myers, R.F. 1999. Micronesian Reef Fishes, A Comprephensiv Guide to the Coral Reef Fishes of Micronesia. vi+330pp,192pls.Coral Graphics, Barrigada, Guam.
中坊徹次編. 2000. 日本産魚類検索:全種の同定. lvi+1748pp. in 2 vols. 東海大学出版会, 東京.
Nelson, J.S. 1994. Fishes of the World, 3rd edition. John Wiley & Sons, Inc.,Canada.
野村恵一・朝倉彰.1998.串本で採集されたテッポウエビ類とその分布,社会構造及び生活様式について.南紀生物.40(1).25-34.
Randall, J.E. 1995. The Complete Diver's & Fishermen's Guide to Coastal Fishes of Oman. xiii+439pp.Crawford House Publishing, Bathurst NSW.
Randall, J.E., Ida,H.,Kato,K.,Pyle,R.L.,Earle,J.L.1997. Annotated checklist of the inshore fishes of the Ogasawara Islands. Nat. Sci. Mus. Monogr, (11).1-74.
Randall, J.E., Senou H. 2001. Review of the Indo-Pacific gobiid genus *Lubricogobius*, with description of a new species and a new genus for *L.pumilus*. Ichthyological Research, 48(1).3-12.
瀬能宏・任賢治.1998.テッポウエビはハゼをクリーニングするのか.伊豆海洋公園通信,10(1).2-4.
瀬能宏・太田美乃里.2002.今月の魚・ハタタテハゼXアケボノハゼ.伊豆海洋公園通信,13(5).1.
Stevenson, D.H. 2002. Systematics and distribution of fishes of the Asian goby genera *Chaenogobius* and *Gymnogobius* (Osteichthyes : Perciformes : Gobiidae), with the description of a new species. Species Diversity. 7. 251-312.
鈴木寿之・瀬能宏.1996.今月の魚・モエギハゼ(新称).伊豆海洋公園通信,7(6).1.
鈴木寿之・瀬能宏.2001.伊江島で採集された日本初記録のフジナベニハゼ(新称).伊豆海洋公園通信,12(4).2-4.
瀬能宏・道羅英夫.2002.今月の魚・サザナミハゼとサラサハゼ.伊豆海洋公園通信,13(11).1.

参考文献

Debelius, H. 1997. Mediterranean and Atlantic, Fish Guide. 321pp. IKAN-Unterwasserarchiv, Frankfurt.
Halstead, B. 2000. Coral Sea Reef Guide. 321pp. IKAN-Unterwasserarchiv, Frankfurt.
川那部浩哉・水野信彦・細谷和海. 2001.山渓カラー名鑑　日本の淡水魚. in 3vols. 山と渓谷社, 東京.
Kuiter,R.H.,1992. Tropical Reef-fishes of the Western Pacific, Indonesia and adjacent waters. xiii+314pp., Percetakan PT Gramedia, Jakarta.
Kuiter,R.H.,1998. Photo guide to Fishes of the Moldives.257 pp. Atoll Editions, Australia.
Kuiter,R.H., Debelius, H. 1994. South East Asia, Tropical Fish Guide. 321pp. IKAN-Unterwasserarchiv, Frankfurt.
益田一・尼岡邦夫・荒賀忠一・上野輝彌・吉野哲夫編. 1988.日本産魚類大図鑑・解説.in 2vols. xx+466pp. 東海大学出版会, 東京.
益田一・尼岡邦夫・荒賀忠一・上野輝彌・吉野哲夫編. 1988.日本産魚類大図鑑・図版.in 2vols. 378pls. 東海大学出版会, 東京.
益田一・小林安雅. 1994.日本産魚類生態大図鑑.47+465pp. 東海大学出版会, 東京.
中坊徹次・町田吉彦・山岡耕作・西田清徳編. 2001. 以布利、黒潮の魚. 300pp. 海遊館,大阪.
岡村収・尼岡邦夫編　2001.山渓カラー名鑑　日本の海水魚. in 3vols. 山と渓谷社, 東京.
Randall, J.E., Allen,G.R., Steen, R.C. 1990. The Complete Diver's & Fishermen's Guide to Fishes of the Great Barrier Reef and Coral Sea. xx+507pp.Crawford House Publishing, Bathurst NSW.
Randall, J.E., Allen,G.R., Steen, R.C. 1997. The Complete Diver's & Fishermen's Guide to Fishes of the Great Barrier Reef and Coral Sea. in 2vols. xx+557pp.Crawford House Publishing, Bathurst NSW.

協力者一覧

■ 執筆協力
野村恵一（串本海中公園センター　学術部）
萩原清司（横須賀市自然・人文博物館　学芸員）

■ 写真協力
赤堀智樹（はごろもマリンサービス）
内山博之（サンライズ大瀬）
小野篤司（ダイブサービス小野にぃにぃ）
笠井雅志（ミスターサカナダイビングサービス）
川本剛志（ダイブ・エスティバン）
木村裕之（M.O.C.DIVE CENTER）
木村喜芳（相模湾海洋生物研究会）
繩繩育雄（ダイブハウス ノーブル）
杉森雄幸（水中カメラマン）
中本純市（石垣島ダイビングスクール）
千々松政昭（ダイブショップ・テール）
月岡功夫（ファニーダイブ）
蓮尾 栄（ダイブスタジオ・コーラル）
細田健太郎（水中カメラマン）
松野和志（ダイビングサービス・アクアス）
松村知彦（ブレニーダイビングサービス）
御宿昭彦
森田康弘（小笠原ダイビングセンター）
平田吉克（P-com）
矢野維幾（ダイブサービス YANO）
横井謙典（ブルートライ）
吉野雄輔（水中カメラマン）

● 撮影協力
佐渡ダイビングセンター（新潟県・佐渡島）
ビーチバム（三浦半島・三戸浜）
O.D.A.（東伊豆・川奈）
富戸ダイビングサービス（東伊豆・富戸）
益田海洋プロダクション（東伊豆・伊豆海洋公園）
クレオール（東伊豆・伊豆海洋公園）
エターナルフィールズ（東伊豆・伊豆海洋公園）
はごろもマリンサービス（西伊豆・大瀬崎）
大瀬館マリンサービス（西伊豆・大瀬崎）
マリンサービスみやもと（西伊豆・大瀬崎）
Skill up studio THE 101（西伊豆・土肥）
ダイブハウス ノーブル（静岡県・三島）
アイアン（静岡県・三保）
シーエアー柏島（高知県・柏島）
ダイバー民宿　おれんち（奄美大島・瀬戸内町）
伊江島ダイビングサービス（沖縄諸島・伊江島）
座間味ダイビングセンター（慶良間諸島・座間味島）
沖縄リゾート（慶良間諸島・座間味島）
ムカラク（慶良間諸島・慶留間島）
ダイブ・エスティバン（沖縄諸島・久米島）
アイランド ブリーズ（先島諸島・宮古島）
ブレニー ダイビングサービス（八重山諸島・石垣島）
マリンメイト（八重山諸島・石垣島）
ミスターサカナダイビングサービス（八重山諸島・西表島）
マーリン（八重山諸島・与那国島）
アクアメイト（伊豆諸島・神津島）
小笠原ダイビングセンター（小笠原諸島・父島）
M.O.C. DIVE CENTER（サイパン島）
DISCOVERY DIVERS（フィリピン・パラワン島）
パラオスポート（パラオ諸島）
DIVE&DIVE'S（インドネシア・バリ島）
P-com（マレーシア・マブール島）
LOLOATA ISLAND RESORT（パプアニューギニア）
エスパシオ（モルディブ諸島）

制作スタッフ

装丁・アートディレクション──松田行正＋天野昌樹（matzda office）
編集──桑島博史（TBSブリタニカ）
プリンティングディレクション──田中一也（凸版印刷株式会社）

著者略歴

林　公義　HAYASHI Masayoshi
1947年、神奈川県生まれ。日本大学農獣医学部水産学科卒業。専門は魚類の分類や生態。横須賀市博物館学芸員を経て、現在は＜横須賀市自然・人文博物館＞館長。学芸員時代に八重山諸島や奄美諸島において淡水魚類やサンゴ礁魚類相調査（ハゼ・テンジクダイ類）を続け、標本収集や撮影を行った。「全国こども電話相談室」（ＴＢＳラジオ）や日本安全潜水協会（ＪＣＵＥ）などで、フィッシュ・ウオッチングの普及活動に力を注いでいる。著書に『よしのぼりのぼうけん』『ひがたでみつけた』（ともに福音館書店）、『干潟のいきもの』（ラクダ出版）、『マルチメディア図鑑・魚』（監修、学習研究社）、『野外における危険な生物』『自然観察ハンドブック』（ともに共著、平凡社）、『フィッシュ・ウオッチング』『淡水魚』『海岸動物』『日本産魚類大図鑑』『日本産稚魚図鑑』『日本産魚類検索：全種の同定』（以上共著、東海大学出版会）、『日本の淡水魚』『日本の海水魚』（ともに共著、山と渓谷社）、『私の博物誌』『私の博物誌・2001』（ともに自費出版）などがある。

白鳥岳朋　SHIRATORI Taketomo
1961年、東京都生まれ。幼少よりボーイスカウト活動を通じ、野外活動に触れ、自然に親しむ。専門学校で写真を学び、その後に始めたダイビングで海への興味をもったことから、水中写真家を目指し現在に至る。10年余り前から関わったダイビング雑誌では、「江戸っ子写真塾」「煩悩写真塾」「今月のホームゲレンデ」「ザ・マクロハンター」「水中ワンダーランド」を連載。近年はクジラやイルカをはじめとする、海生哺乳類の撮影にも力を注いでいる。著書に『水中写真虎の巻』（マリン企画）、『おさかな接近術』『POST CARD BOOK―ハゼコレクション』（ともにTBSブリタニカ）。地球魚類楽会・会員。作品は著者のホームページでも見ることができる。
http://www.dango.ne.jp/edokko

ハゼガイドブック
Gobies of Japanese Waters

2003年3月6日　初版発行

著者	林　公義
	白鳥岳朋
発行者	藤田正美
発行所	株式会社ティビーエス・ブリタニカ
	〒153-8940
	東京都目黒区目黒1丁目24番12号
	電話　販売　(03) 5436-5721
	お客様相談室　(03) 5436-5711
	振替　00110-4-131334
印刷・製本	凸版印刷株式会社

©Masayosi Hayasi / Taketomo Shiratori, 2003
ISBN4-484-03401-8
Printed in Japan
落丁・乱丁本はお取り替えいたします。
本書の写真・記事の無断複製、転載を禁じます。
NDC487.767　A5判（21.0×14.8cm）224ページ